JN233562

機械技術者のための
材料加工学入門

吉田　総仁

京極　秀樹

篠﨑　賢二

山根 八洲男

著

共立出版株式会社

まえがき

　現在，自動車，鉄鋼，電器産業などにおけるわが国のものづくり技術は世界一であるといわれていますが，そのための最も重要な基盤的技術が材料加工です．材料加工の目的は，単に製品の形を精度良く，低コストで作るだけではなく，できた製品の機械的性質（例えば強度，靭性など）を向上させる（あるいは機械的性質の必要条件を満足させる）ことが重要です．同じ形の製品を作る加工法はいろいろあり（例えば，鋳造，粉体加工，塑性加工，切削加工など），被加工材の加工性も材料ごとに異なっています．生産加工の現場では技術者は常に「最適な材料と加工法の選択」をしなければなりません．したがって材料加工技術者は，ひとつの加工法に精通しているだけでは十分ではなく，材料加工法全般にわたる広い知識を持っていなければなりません．とりわけ，それぞれの加工法の原理と特徴，加工される材料の性質をよく理解しておくことが大切です．

　本書は，材料加工の基本原理を材料学，固体力学，伝熱学といった基礎学問（これらはほとんどの機械系学科で必修となっている）に立脚して解説しており，「第Ⅰ部：材料加工を理解するための基礎知識（1～4章）」と「第Ⅱ部：材料加工各論（5～10章）」からなっています．第Ⅰ部では，加工に用いる種々の材料（金属，セラミックス，プラスチック）の機械的性質とその材料学的意味（ミクロ構造との関係），加工のための弾塑性力学，伝熱学について解説しています．第Ⅱ部では，熱処理，鋳造，溶接・接合，粉体加工（以上は主に熱加工），塑性加工，機械加工・特殊加工（以上は主に力学加工）という個別加工について，これらの原理と特徴，「上手に加工するための視点」を整理しています．これらについて，材料学，固体力学，加工学の専門家がそれぞれの専門分野を担当しながら共同で執筆しています．吉田（1, 2, 4章の分担と9章担当）は弾塑性力学と塑性加工，京極（1, 2章の分担と3, 5, 6, 8章担当）は材料学と熱処理，鋳造，粉体加工，篠崎（4章の分担と7章担当）は材料学と溶接・接合，山根（10

章担当）は機械加工を専門としています．

　ところで，機械系の学生や技術者の多くは，力学(材料力学や機械力学など)，機械設計などは得意だが材料学については苦手あるいは好まない傾向があります(一方，金属・材料系の学生は力学を好まない傾向も感じられます)．というのは，多くの機械系の人たちは材料を均質な連続体としてとらえ，その性質を代表するものは材料試験から得られるヤング率，降伏強さ，引張り強さ，破断伸びなどのマクロ的指標であると考えており，それらを支配している材料のミクロ構造（転位，結晶など）とその変化（例えば回復，再結晶，相変態など）についてはあまり関心がない（あるいは知識が不十分な）ためと思われます．

　しかし，材料のミクロ構造を理解することなしには最適な加工法や材料の選択，さらには新しい材料加工法の開発ができません．「機械屋」と「金属・材料屋」が棲み分けていた時代は終わろうとしています．産業界から求められているのは「材料のわかる機械技術者」です．今日の材料学や固体力学の進歩は，材料のミクロ構造とマクロな挙動（例えば，材料の結晶学的なすべり変形とマクロな応力・ひずみ応答の関係，回復・再結晶・相変態と材料の変形抵抗の関係など）を数理モデルで表現し，コンピュータシミュレーションにより材料加工プロセスにおける製品の形状と材質の予想を可能とするまでになっています．

　こうした時代にあって，本書が材料のミクロとマクロ挙動，材料の性質を把握した材料加工のテキストとして，次世代の材料加工を担う機械技術者を育てるための一助となることを願うものです．

　最後に，本書を書くにあたり貴重な資料を提供していただいた皆様，出版にあたりご尽力いただいた共立出版（株）の平山靖夫氏，横田穂波氏に厚く御礼申し上げます．

2003 年 5 月

執筆者一同

目　次

第Ⅰ部　材料加工を理解するための基礎知識

第1章　材料の構造と機械的性質

1.1　材料試験から得られる機械的性質 …………………………………3
　A．引張り試験により得られる機械的性質　*3*
　B．硬　さ　*6*
　C．靭　性　*7*
　D．疲労強度　*8*
　E．クリープ　*9*
1.2　材料のミクロ構造 ……………………………………………………10
　A．固体の結晶構造　*10*
　B．結晶面と方向の表示法　*13*
　C．格子欠陥とそのはたらき　*15*
1.3　機械的性質とミクロ構造の関係 ……………………………………16
　A．金属材料の塑性変形のメカニズム　*16*
　B．金属材料の強度を支配するミクロ構造　*17*
　演習問題 ………………………………………………………………*21*
　参考文献 ………………………………………………………………*21*

第2章　温度による材料組織の変化と機械的性質

2.1　平衡状態図と相変態 …………………………………………………*23*
　A．平衡状態図　*23*

B．連続冷却変態図　*28*
　　C．恒温変態図　*30*
2.2　拡　　　散 ··· *31*
　　A．拡散機構　*31*
　　B．フィックの法則　*33*
2.3　時効と析出 ··· *35*
2.4　回復と再結晶 ··· *37*
　　A．回　復　*37*
　　B．再結晶　*37*
2.5　高温における金属材料の機械的性質 ································· *38*
　　A．線膨張係数およびヤング率　*38*
　　B．金属材料の変形抵抗に及ぼす温度および変形速度の影響　*39*
　　C．金属材料の延性に及ぼす温度と変形速度の影響　*40*
　　演習問題 ··· *41*
　　参考文献 ··· *42*

第3章　種々の工業材料

3.1　鉄鋼材料の種類とその特性 ·· *43*
　　A．炭素鋼　*43*
　　B．鋳鉄および鋳鋼　*44*
　　C．ステンレス鋼　*46*
　　D．快削鋼　*49*
　　E．耐熱鋼　*49*
3.2　非鉄金属材料の種類とその特性 ······································· *50*
　　A．銅とその合金　*50*
　　B．アルミニウムとその合金　*52*
　　C．チタンとその合金　*54*
　　D．ニッケルとその合金　*55*
3.3　工　具　材　料 ·· *55*

A. 工具鋼　55
    B. 超硬合金およびその他の工具材料　57
3.4 非金属材料 ……………………………………………………58
    A. プラスチックおよびプラスチック複合材料　58
    B. セラミックス　59
  演習問題 …………………………………………………………60
  参考文献 …………………………………………………………60

第4章　材料加工の力学と伝熱学

4.1 3次元の応力とひずみ ………………………………………63
    A. 応　力　63
    B. ひずみ　64
4.2 弾塑性体の応力-ひずみ関係 ………………………………65
    A. 弾塑性変形における応力-ひずみ曲線とそのモデル化　65
    B. 等方性弾性体の応力-ひずみ関係　67
    C. 多軸応力状態における金属材料の降伏条件　67
    D. 相当応力-相当塑性ひずみ関係（多軸応力状態における加工硬化）　69
    E. 塑性変形における応力-ひずみ関係　70
4.3 応力・ひずみ解析のための基礎式と解法 …………………70
4.4 熱弾塑性問題の考え方 ………………………………………72
4.5 延性破壊のメカニズムとそのクライテリオン ……………72
4.6 熱　伝　導 ……………………………………………………74
4.7 熱　伝　達 ……………………………………………………76
  演習問題 …………………………………………………………77
  参考文献 …………………………………………………………78

第Ⅱ部　材料加工各論

第5章　熱処理と表面改質

5.1　各種熱処理 ··81
　A．焼ならし　*81*
　B．焼なまし　*81*
　C．焼入れ・焼戻し　*83*
　D．恒温（または等温）熱処理　*85*
5.2　各種表面処理 ··86
　A．表面焼入れ　*86*
　B．浸炭　*87*
　C．窒化　*88*
　演習問題 ··89
　参考文献 ··89

第6章　鋳造

6.1　鋳造における技術的課題 ··91
　A．主な鋳造法　*91*
　B．上手に鋳造するための視点　*94*
6.2　凝固現象の解析法 ···94
　A．熱伝導による凝固現象の解析　*96*
　B．溶質の移動を考慮した凝固現象の解析　*98*
　C．凝固解析による引け巣欠陥の予測　*100*
6.3　鋳鉄の材質とその制御 ···101
　A．化学成分と冷却速度による組織制御　*101*
　B．溶湯処理による組織制御　*102*
　C．熱処理による組織制御　*103*

演習問題 ……………………………………………………………………… *103*

　参考文献 ……………………………………………………………………… *104*

第7章　溶接・接合

7.1　溶接における技術課題 ……………………………………………………… *105*

　A．主な溶接法　*105*

　B．上手につなぐための視点　*107*

7.2　溶接の熱伝導 ………………………………………………………………… *108*

　A．溶接熱サイクル　*108*

　B．溶接熱源の特徴　*109*

　C．溶接熱伝導モデル　*110*

7.3　溶接部の組織変化と力学的性質 …………………………………………… *113*

　A．溶接金属の凝固現象　*114*

　B．溶接熱影響部の組織変化と力学的性質　*116*

7.4　溶接部の力学的変化 ………………………………………………………… *120*

　A．溶接残留応力・溶接変形の発生原因　*120*

　B．継手の機械的性質に及ぼす溶接残留応力の影響と緩和策　*123*

　C．溶接変形の分類と防止対策　*125*

7.5　主な溶接欠陥とその発生機構および防止対策 …………………………… *125*

　A　溶接欠陥の分類　*125*

　B．溶接割れ　*127*

7.6　界面接合における技術課題 ………………………………………………… *130*

　A．主な固相接合法と上手に接合するための視点　*130*

　B．主な液相・固相反応接合法と上手に接合するための視点　*131*

　演習問題 ……………………………………………………………………… *133*

　参考文献 ……………………………………………………………………… *133*

第8章　粉体加工

8.1　粉体加工における技術的課題 …………………………………………………… *135*
　　A．主な粉体加工法　*135*
　　B．上手に粉体加工するための視点　*137*
8.2　粉体の特性と粉体成形 ……………………………………………………………… *138*
　　A．粉体の製造法とその特性　*138*
　　B．粉体成形の基礎理論　*140*
8.3　焼結理論に基づく組織の予測とその制御 ……………………………………… *141*
　　A．固相焼結　*141*
　　B．液相焼結　*144*
　演習問題 ……………………………………………………………………………………… *145*
　参考文献 ……………………………………………………………………………………… *146*

第9章　塑性加工およびプラスチックの成形

9.1　塑性加工における技術的課題 …………………………………………………… *147*
　　A．主な塑性加工法　*147*
　　B．上手に塑性加工するための視点　*149*
9.2　素材製造・バルク加工における加工力，材料流れ，成形限界 ……………… *149*
　　A．塑性力学による加工力の算出　*149*
　　B．バルク加工における材料流れと加工力　*154*
　　C．延性破壊と成形限界　*155*
9.3　板材成形におけるいくつかの問題 ……………………………………………… *156*
　　A．種々の板材成形と成形不良　*156*
　　B．板材成形限界に及ぼす材料特性の影響　*157*
　　C．板曲げにおけるスプリングバックとその抑制　*159*
　　D．せん断加工における材料の変形と破壊　*161*
9.4　塑性加工による材質の変化およびその制御 …………………………………… *162*
　　A．加工硬化の利用あるいはその抑制　*162*

B．熱間・温間加工の目的と温度条件の決定　*163*

　　C．加工熱処理　*164*

　　D．制御圧延による結晶粒の微細化および結晶方位の制御　*165*

9.5　塑性加工における摩擦と潤滑 …………………………………………*166*

　　A．金属表面と接触状態　*166*

　　B．境界潤滑，凝着および流体潤滑　*167*

　　C．摩擦低減/保持効果を利用した加工法　*168*

9.6　塑性加工用工具材料の選択 ……………………………………………*169*

9.7　プラスチックの成形 ……………………………………………………*170*

9.8　成形加工過程の数値シミュレーション ………………………………*170*

　　演習問題 ……………………………………………………………………*172*

　　参考文献 ……………………………………………………………………*174*

第10章　機械加工および特殊加工

10.1　機械加工における技術的課題 ………………………………………*175*

　　A．主な機械加工法および特殊加工法　*175*

　　B．上手に機械加工するための視点　*176*

10.2　切　削　加　工 ………………………………………………………*177*

　　A．切削加工の特徴　*177*

　　B．切削機構　*177*

　　C．切削抵抗　*181*

　　D．切削温度　*184*

　　E．加工精度と切削仕上げ面　*186*

　　F．切削工具　*188*

　　G．被削性　*191*

10.3　研　削　加　工 ………………………………………………………*192*

　　A．研削加工の特徴　*192*

　　B．研削砥石　*193*

　　C．研削加工の分類　*196*

D．研削機構　*197*

　　E．研削抵抗　*198*

　　F．研削温度　*199*

10.4　砥 粒 加 工 ……………………………………………*199*

　　A．砥粒加工の特徴　*199*

　　B．固定砥粒による加工　*200*

　　C．半固定砥粒による加工　*202*

　　D．遊離砥粒による加工　*203*

10.5　特 殊 加 工 ……………………………………………*204*

　　A．特殊加工の特徴　*204*

　　B．放電加工　*204*

　　C．電子ビーム加工　*206*

　演習問題 …………………………………………………*207*

　参考文献 …………………………………………………*208*

演習問題解答 …………………………………………………*209*
索　　　引 ……………………………………………………*215*

第Ⅰ部

材料加工を理解するための基礎知識

1 材料の構造と機械的性質

材料加工のためには材料の強度や延性といった機械的特性をよく知っておく必要がある．本章では，まずはじめに，材料試験より得られる材料のマクロ的な性質について概説する．また，こうした機械的性質と材料のミクロ構造の関連について述べる．

1.1 材料試験から得られる機械的性質

A． 引張り試験により得られる機械的性質

材料の機械的性質（mechanical properties）を求めるための最も基本的な試験は引張り試験（tension test）である．このときの変形は試験片の単位長さあたりの伸びとして定義される伸びひずみ（tensile strain）で定量的に表され，その変形に対する材料の抵抗力は単位断面積あたりに作用する力として定義される引張り応力（tensile stress）によって表される．いま，断面積 A_0，ゲージ

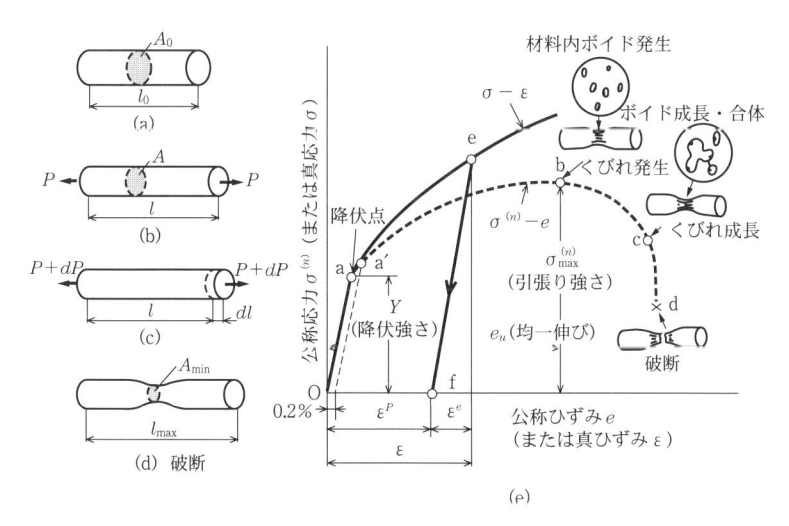

図 1.1 引張り試験による金属材料の応力-ひずみ曲線

長さ（試験片平行部内で変形が均一となる基準長さ（gauge length））l_0 の丸棒試験片（図1.1(a)）に引張り力 P を加えたときの試験片のゲージ長さが $l(>l_0)$，断面積が $A(<A_0)$ となったとする（図1.1(b)）．引張り試験では慣例として次式で定義される公称応力 $\sigma^{(n)}$ (nominal (or conventional) stress) と公称ひずみ e (nominal (or conventional) strain) を用いて応力-ひずみ曲線 (stress-strain curve) を描くことが多い．

$$\sigma^{(n)} = P/A_0, \quad e = (l - l_0)/l_0 \tag{1.1}$$

ただし，変形が大きくなると断面積 $A(<A_0)$ の変化は無視できず，そのことを考慮した**真応力**（true stress）σ は式 (1.2) のように定義される．また，大変形に対応したひずみとしては**真ひずみ** ε (true strain)〔または**対数ひずみ** (logarithmic strain)〕が用いられる．

$$\sigma = P/A, \quad \varepsilon = \ln(l/l_0) \tag{1.2}^{*1}$$

図1.1(e) には金属材料の引張り試験における公称応力-公称ひずみ曲線を破線で，真応力-真ひずみ曲線を実線で模式的に示す．無負荷状態 O から点 a までの間は弾性変形であり，応力-ひずみ関係は直線，すなわち

$$\sigma = E\varepsilon \tag{1.3}$$

となる．ここで E はヤング率である[*2]．塑性変形が開始する点 a は**降伏点**(yield point) とよばれる．この点における応力（$\sigma = Y$）を**降伏応力** (yield stress) あるいは**降伏強さ** (yield strength) という[*3]．降伏点を越えてさらに引張ると応力は塑性変形とともに上昇する（塑性変形を生じさせるのに必要な応力を**流動応力** (flow stress) または**変形抵抗** (deformation resistance) とよぶ）．こ

---

*1 図1.1(c) に示すように，ゲージ長さが l となった試験片をさらに引張り，dl だけ伸ばしたとすると，このときのひずみ増分（微小量）は $d\varepsilon = dl/l$．これを積分して，$\varepsilon = \int d\varepsilon = \int_{l_0}^{l} dl/l = \ln(l/l_0)$．塑性変形は（§1.3Aで述べるように）結晶のすべりにより起こるので，塑性変形は体積一定で生じる．弾性変形は塑性変形に比べて小さいのでこれを無視すると，丸棒の引張りでは体積一定条件により $A_0 l_0 = Al$．したがって，真応力 $\sigma = \sigma^{(n)}(1+e)$．

*2 金属材料のヤング率は材料ごとにほぼ決まった値を示し，合金成分の影響はあまり強く受けない．例えば，鉄系材料（ステンレス鋼，各種合金鋼も含む）のヤング率はおよそ 200 GPa 程度，銅系材料（黄銅，青銅などを含む）は 120 GPa 程度，アルミニウム系材料（ジュラルミンなどを含む）は 70 GPa 程度である．図1.1(e) における弾性域における応力-ひずみ直線の傾きは誇張して描いてある．実際の金属材料の弾性応力-ひずみ直線の傾きは図1.1(e) に示すものよりはるかに大きい（図1.2参照）．

*3 多くの金属材料では弾性変形から塑性変形への遷移が緩やかに生じるために応力-ひずみ曲線から降伏点を正確に決めることが難しい．そこで，JIS規格では 0.2% の塑性ひずみを生じる点（図1.1(e) の点 a′）の応力を降伏応力としている．

の現象は加工硬化（work hardening）（またはひずみ硬化（strain hardening））とよばれる．

いま，真応力-真ひずみ曲線上の点 e から応力を除くと点 f に至るが，この間の応答が弾性的（$d\sigma/d\varepsilon = E =$ ヤング率）であることは重要である．除荷後の点 f においては，除荷前の点 e と同じ量の永久変形（塑性変形）が残っている．すなわち，全ひずみ ε は弾性ひずみ（elastic strain）ε^e と塑性ひずみ（plastic strain）ε^p の和として表される．

$$\varepsilon = \varepsilon^e + \varepsilon^p \tag{1.4}$$

図1.2には種々の金属材料の真応力-真ひずみ曲線を示す[*1]．これより，材料により変形抵抗や加工硬化が大きく異なることがわかる．

公称応力の最大となる点 b において試験片にはくびれ（necking）が発生する．この点 b における公称応力 $\sigma_{max}^{(n)}$ は（加工硬化も含めた材料の極限強さの目

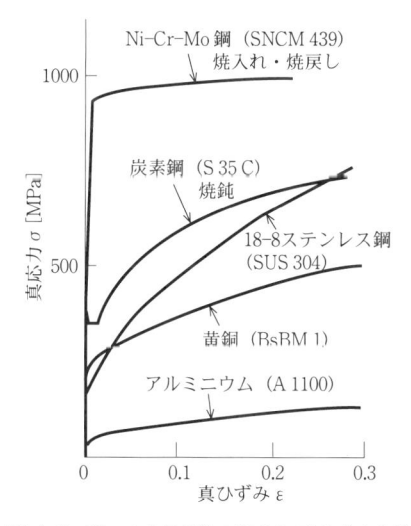

図 1.2 種々の金属材料の真応力-真ひずみ曲線

[*1] 炭素鋼（焼鈍材）の応力-ひずみ曲線では，鋭い降伏点（上降伏点（upper yield point））とその後の降伏降下（yield drop）および降伏段（yield plateau）がみられる．降伏段における変形は弾性域と塑性域が混在する不均一変形で，リューダース帯（Lüders band）とよばれる帯状の塑性域が伝播しながら塑性変形が進行している．この現象は鋼だけでなく，クロム，モリブデンなど主として体心立方金属（bcc metals）に多くみられる．後に述べるように，塑性変形の微視的メカニズムは転位（dislocation）の運動によるが，この特異な降伏現象は，初期には非常に少ない可動転位（mobile dislocation）が変形とともに急激に増殖し，また流動応力が転位の速度に強く依存する結果として説明されている．

安として) 引張り強さ (tensile strength), 公称ひずみ e_u は (くびれ発生限界として) 均一伸び (uniform elongation) とよばれる. 試験片をさらに引張ると, くびれ部のみに変形が集中し最終的に破断に至る (図 1.1(e) に×印で示す点 d). なお, このときの材料内部を観察すると, 図 1.1(e) に示すように, くびれの発生直後には小さな空孔 (ボイド (void)) がみられ, くびれの進行に伴ってこの空孔が急速に大きくなり, 空孔同士の連結の結果, 試験片の最終破断が起こっていることがわかる.

材料の延性 (ductility) の尺度としては, 図 1.1(d) に示すような試験片の破断時のゲージ長さ l_{max} および最小断面積 A_{min} を用いて次式のように定義される破断伸び (elongation) と断面収縮率 (reduction of area) が用いられる[*1].

$$
\begin{aligned}
&\text{破断伸び } \delta = \frac{l_{max} - l_0}{l_0} \times 100\,(\%), \\
&\text{断面収縮率 } \varphi = \frac{A_0 - A_{min}}{A_0} \times 100\,(\%)
\end{aligned}
\quad (1.5)
$$

B. 硬 さ

硬さ試験 (hardness test) では, 材料に微小圧子を押込み, そのときの荷重と (塑性変形による) くぼみの大きさから硬さ (hardness) を決める. 例えば, ビッカース硬さ (Vickers hardness) HV は, 図 1.3(a) に示す対角面 136°のピラミッド形ダイヤモンド圧子の押込み時の荷重 P (通常 2.94〜490 N [0.3〜50 kgf]. 微小荷重 0.49〜9.81 N [50 gf〜1 kgf] を用いるマイクロビッカース (micro Vickers) 試験もある) をくぼみの表面積で割った値として定義されている. このほかにも, 鋼球圧子を用いるブリネル硬さ (HB, Brinell hardness), 硬球 (B=Ball: 軟らかい材料用) あるいはダイヤモンドコーン圧子 (C=Corn: 硬い材料用) を所定の荷重で押込み, そのときの押込み深さから定義されるロックウェル硬さ (HRB あるいは HRC, Rockwell hardness) などがある.

[*1] 試験片の一部にくびれが進行すると, くびれ以外の部分の変形は止まるので, 破断伸び δ は試験片の均一伸びの大きさとくびれが生じて以降の不均一変形の大きさの双方の影響を強く反映したものとなる. 一方, 断面収縮率 φ はくびれ部における最大の変形を表すので, 材料の延性の評価は絞りを用いてなされることが多い. なお, JIS では破断伸びを「伸び」, 断面収縮率を「絞り」とよぶことと規定しているが, これらの呼称は別の意味でも使われることがあり, まぎらわしいので本書ではそれぞれ「破断伸び」, 「断面収縮率」とよぶことにする.

第1章 材料の構造と機械的性質

(a) ビッカース硬さ
$$\mathrm{HV} = 2\sin 68°\left(\frac{P}{d^2}\right) \times 0.102$$

(b) ブリネル硬さ
$$\mathrm{HB} = \frac{P}{\pi D h} \times 0.102$$

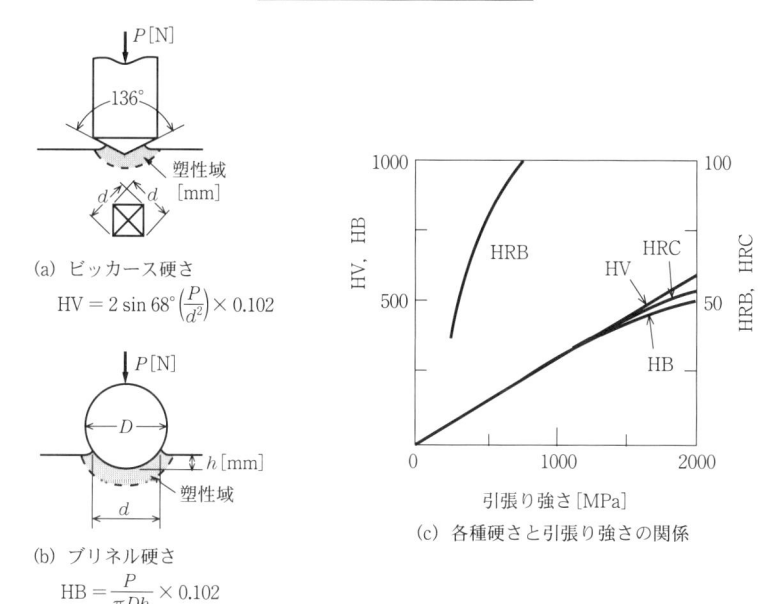

(c) 各種硬さと引張り強さの関係

図 1.3　硬さ試験

硬さは材料の塑性変形抵抗と強い関係を持つ量である．例えば金属材料のビッカース硬さ HV は材料の引張り強さのおよそ 3 倍程度の値となっている．図 1.3(c) にはこれらの硬さと材料の引張り強さの関係の例を示す．

C．靭　性

靭性 (toughness) とは材料の粘り強さ，すなわち材料にき裂が生じても容易には破断しない性質のことである．材料の靭性を評価する代表的な試験方法として衝撃試験 (impact test) および破壊靭性試験[*1] (fracture toughness test) がある．衝撃試験の代表的なものは，図 1.4(a) に示すようなノッチ付き試験片にエッジ付きハンマーを衝突させ，試験片の破壊までに要した吸収エネルギー（そのほとんどは塑性変形に費やされたエネルギー）を測定するシャルピー試験 (Charpy test) である．この試験は，吸収エネルギー（これはシャルピー値 (Charpy value) とよばれる）の大小から靭性を評価しようとするものである．

[*1] 破壊靭性試験は破壊力学 (fracture mechanics) に基づいて材料の靭性を定量的に求める方法であるが，これについては，文献 2) を参照されたい．

(a) 吸収エネルギー＝$W(h-h')$

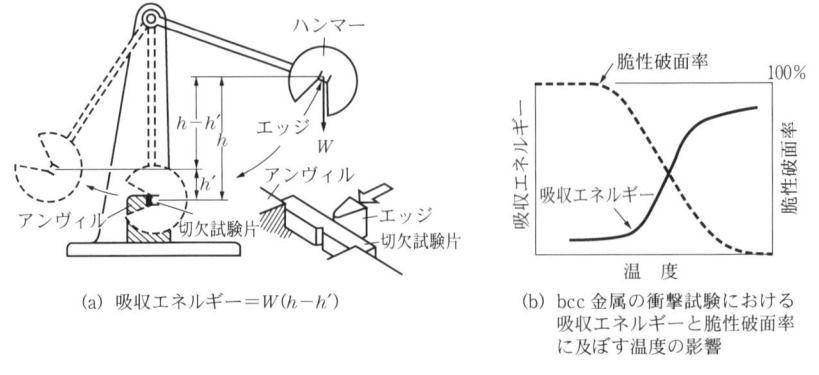

(b) bcc 金属の衝撃試験における吸収エネルギーと脆性破面率に及ぼす温度の影響

図 1.4 衝撃破壊試験（シャルピー試験）

とりわけ体心立方（bcc）金属では，図 1.4(b) に模式的に示すように，吸収エネルギーは低温ではきわめて小さく，ある温度域で急に大きくなる．このときの試験片の破面を調べてみると，低温域では脆性破面（へき開破面）が支配的で，吸収エネルギーが急速に上昇する温度域で脆性破面率が小さくなっている．このように破壊形態が温度低下とともに延性から脆性に移ってゆく挙動を**延性-脆性遷移挙動**(ductile-to-brittle transition)，この遷移が急速に起こる温度を**延性-脆性遷移温度**(ductile-to-brittle transition temperature：DBTT）とよぶ．なお，面心立方（fcc）金属および最密六方（hcp）金属ではほとんどの条件で延性破壊するため延性-脆性遷移挙動はみられない．

D．疲労強度

材料に繰返し負荷（cyclic loading）が作用すると，引張り強さよりもかなり小さな応力でも多数回の繰返しにより材料が破壊に至ることがある[*1]．この現象は**疲労**（fatigue）とよばれる．疲労試験において材料に作用する**応力振幅**(stress amplitude) $S=(\sigma_{max}-\sigma_{min})/2$〔$\sigma_{max}$, σ_{min}：上・下限応力〕と材料が破断するまでの繰返し数 N の関係を示した **S-N 曲線**（S-N curve）の例を図 1.5 に示す．疲労破壊を起こす下限の応力振幅は**疲労限**（fatigue limit）とよばれ，鉄鋼材料では引張り強さのおよそ 1/2 程度の場合が多いが，アルミニウム合金

[*1] 疲労のメカニズムについては例えば文献 3) 参照．

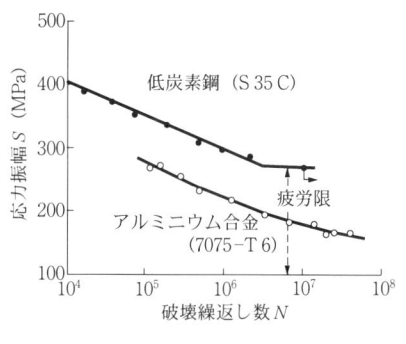

図 1.5 S-N 曲線の例

などの多くの非鉄金属材料では明確な疲労限を持たない．

E．クリープ

高温では金属材料は一定応力下でも時間とともにひずみが進行するが，この現象はクリープ（creep）とよばれる．このときの時間とともに進行するひずみはクリープひずみ（creep strain）とよばれる．図1.6は，一例として，600°Cで $2\frac{1}{4}$ Cr・1 Mo 鋼に一定応力を作用したときのクリープひずみと時間の関係を示したものである．クリープひずみ速度 $\dot{\varepsilon}^c\,(=d\varepsilon^c/dt)$ は作用応力 σ が大きいほど，また温度 T（絶対温度）が高いほど速くなり，この様子は例えば次式のように表現される．

$$\dot{\varepsilon}^c = C\sigma^n \exp\left(-\frac{Q_c}{RT}\right) \tag{1.6}{}^{*1}$$

ここで，C, n, Q_c は定数，R はガス定数である．

高温機器の強度設計を行う場合には，この式で表されるようなクリープ変形と同時に，材料のクリープ破断時間（creep rupture time）t_r を作用応力 σ と温度 T の関数 $t_r\,(\sigma, T)$ として知ることが大切である．

なお，多くのプラスチックでは常温でもクリープがみられるが，その変形機構は金属材料の場合とは異なっている（§1.3 C参照）．

---

*1 クリープひずみ速度は初期には大きい（第1期［primary］または遷移［transient］クリープ）が徐々に小さくなった後ほぼ一定の速度となり（第2期［secondary］または定常［steady］クリープ），最終破断に近くなると急速にひずみが進行する（第3期［tertiary］または加速［accelerative］クリープ）．式(1.6)は定常クリープに対する表現である．

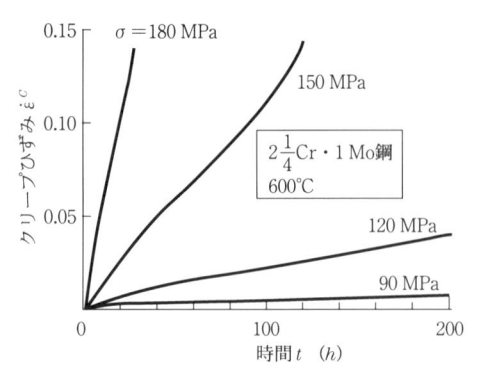

図 1.6　クリープひずみ-応力保持時間

1.2　材料のミクロ構造

A．固体の結晶構造

工業材料，特に金属およびセラミックスは原子レベルでみると規則的な原子の配列から成り立っている（図1.7）．この原子配列を3次元座標系で幾何学的に考えると，単位長さ (a, b, c) と軸角（2つの軸のなす角，α, β, γ）の間には

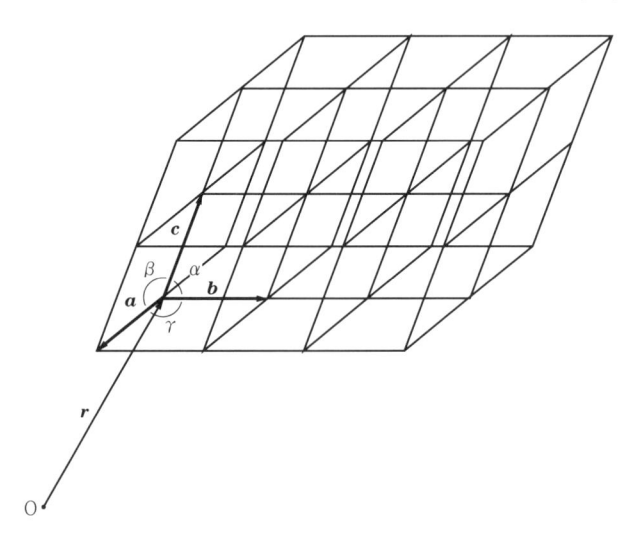

図 1.7　空間格子

7種類の組合せがあり，これを**結晶系**（crystal system）という．図1.7において $r = n_1\boldsymbol{a} + n_2\boldsymbol{b} + n_3\boldsymbol{c}$（$n_1$, n_2, n_3 は任意の整数）で与えられる空間的な点の配列を**空間格子**（space lattice），それぞれの点を**格子点**（lattice point），これらの空間格子をなす最小単位を**単位格子**（unit lattice）という．この単位格子の稜の長さ a, b, c と，これらの相互間の角度 α, β, γ を**格子定数**（lattice constant）という．この単位格子の頂点以外にも格子点を含む多重単位格子と結

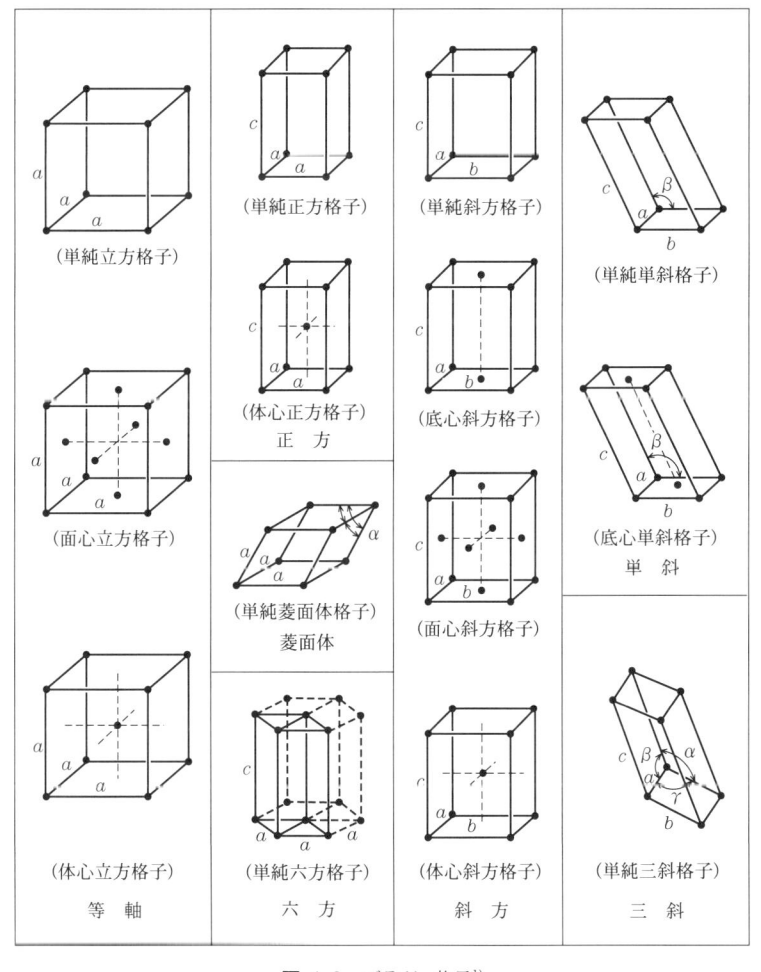

図 1.8 ブラヴェ格子[1]

(a) 体心立方格子　　(b) 面心立方格子　　(b) 最密六方格子

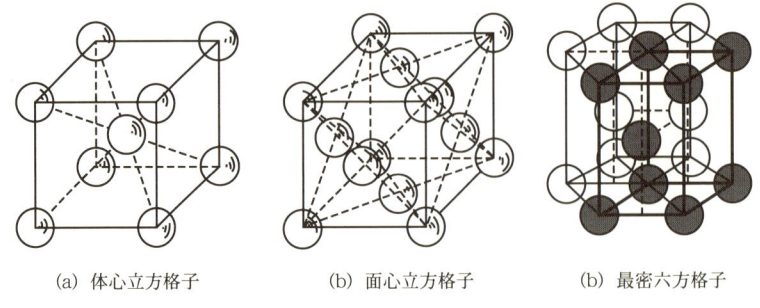

図 1.9　金属の結晶構造の代表例

晶系を組み合わせると，幾何学的には図 1.8 に示すような 14 種類の単位胞（unit cell）が存在し，これをブラヴェ格子（Bravais lattice）という．金属およびセラミックスの結晶構造は，これらのうちのいずれかの単位胞で表すことができる．

純金属の場合には，比較的単純な結晶構造を持つものが多く，その代表的な単位胞は図 1.9 に示す 3 種類である．

（a）体心立方格子（bcc；body-centered cubic lattice）

これは立方体の各隅と中心に 1 個の原子が存在する結晶構造である．単位胞に属する原子の数は 2 個，単位胞中の原子の充填率は 68% である．この結晶構造を示す主な金属には，α-Fe, δ-Fe, Cr, Mo, V, Ba などがある．

（b）面心立方格子（fcc；face-centered cubic lattice）

これは立方格子の各隅と各面の中心に 1 個ずつ原子が存在する結晶構造である．単位胞に属する原子の数は 4 個，単位胞中の原子の充填率は 74% である．この結晶構造を示す主な金属には，γ-Fe, Ag, Al, Au, Cu, Ni などがある．

（c）最密六方格子（hcp；hexagonal close-packed lattice）

これは六角柱の各隅と上下の面の中心にそれぞれ 1 個ずつ，さらに六角柱を構成する 6 個の三角柱のうち 1 つおきに三角柱の中心に 1 個ずつ原子が存在する結晶構造である．図 1.9(c) の太線で囲んだ部分を最小単位と考えると，その中に属する原子の数は 2 個，原子の充填率は 74% となり，面心立方格子と同じ充填率である．これは最密六方格子も面心立方格子も原子を最も密に積み重ねた構造であることを意味している．この結晶構造を示す主な金属には，Co, Mg,

α-Ti, Zn, Zr などがある.

B. 結晶面と方向の表示法

材料の物理的あるいは力学的特性は,その結晶構造と大きな関わりがある.このため,結晶中の原子の配列を幾何学的に表示して,材料特性と関係づけて考えることは重要である.このような原子配列の面や方向の表示にはミラー指数 (Miller indices) が用いられる.

結晶内における原子配列の方向(結晶面の方向を意味する)は,単位格子の各座標軸方向に対する単位ベクトルの最小整数比で表される.例えば,図 1.10(a) における等軸晶系では,その最小整数比が h, k, l の場合には,方向

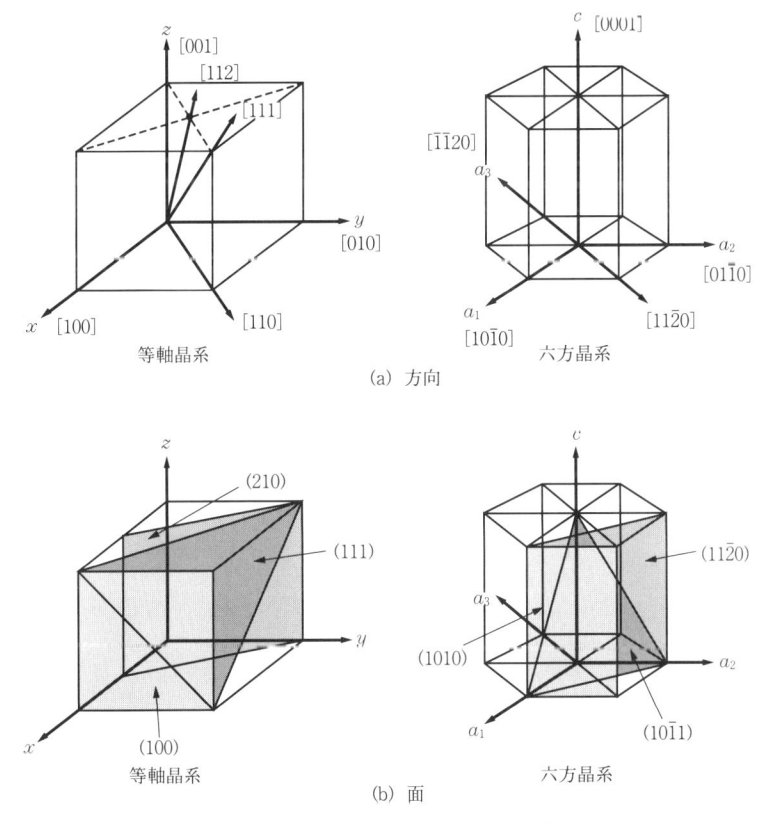

図 1.10 等軸晶系と六方晶系の (a) 方向と (b) 面の表示

の指数は[hkl]で表示される．x, y, z軸方向はそれぞれ[100], [010], [001]となる．$-h$の場合には，$\bar{h}$と表示する．図1.10(a)における六方晶系では，図に示すように，a_1, a_2, a_3およびc軸方向の4つの指数を使う．これが，h, k, i, lの場合には[hkil]で表示され（これらの指数の間には，a_1, a_2, a_3の幾何学的関係から$i=-(h+k)$となる），これをミラー・ブラヴェ指数（Miller-Bravais indices）という．なお，[hkl]，[hkil]は特定の方向を示す指数で，〈hkl〉，〈hkil〉は等価な方向を示す指数である．例えば，〈110〉は，[110]，[$\bar{1}$10]，[$\bar{1}$01]などの等価な方向を意味する．

次に，結晶内の面の表示方法について考える．一般に3次元空間における面の方程式は，

$$\frac{x}{a}+\frac{y}{b}+\frac{z}{c}=1 \tag{1.7}$$

で与えられ，a, b, cはそれぞれx, y, z軸上の切片を意味する．ここで，切片の逆数をh, k, lとすると，上式は，

$$hx+ky+lz=1 \tag{1.8}$$

となる．これらの係数h, k, lを面指数といい，(hkl)で表示し，最小整数比とする．例えば，図1.10(b)における等軸晶系では，その最小整数比がh, k, lの場合には，面指数は(hkl)で表示する．x, y, z軸方向の面はそれぞれ(100)，(010)，(001)となる．方向の場合と同様に，$-h$の場合には$\bar{h}$と表示する．図1.10(b)における六方晶系では，図に示すように，a_1, a_2, a_3およびc軸方向の4つの指数を使う．これがh, k, i, lの場合には，ミラー・ブラヴェ指数を使って(hkil)で表示する．なお，(hkl)，(hkil)は特定の面を示す指数で，{hkl}，{hkil}は等価な面を示す指数である．例えば，{110}は，(110)，($\bar{1}$10)，($\bar{1}$01)などの等価な面を意味する．

表1.1 金属結晶の特性

結晶構造	bcc	fcc	hcp
単位胞中の原子数	2	4	2
最近接原子間距離	$\sqrt{3}a/2$	$a/\sqrt{2}$	a
充填率	0.68	0.74	0.74
最密面	(110)	(111)	(0001)
最密方向	[111]	[10$\bar{1}$]	[11$\bar{2}$0]

表 1.1 に，それぞれの結晶構造に対する単位胞中の原子数，最近接原子間距離，充填率，最密面および最密方向をまとめて示しておく．

C．格子欠陥とそのはたらき

実際の結晶では原子配列の乱れが存在し，これを**格子欠陥**（lattice defect）という．格子欠陥には，点欠陥，線欠陥および面欠陥がある．点欠陥には，図1.11(a) に示すように，結晶中において原子が欠けている**原子空孔**(vacancy)，格子のすき間に入り込んだ**侵入型原子**（interstitial atom），格子の原子が他の原子と置き換わった**置換型原子**（substitutional atom）がある．線欠陥には，図1.11(b) に示すように，原子の配列が乱れた**転位**（dislocation）がある．転位に伴うすべりの大きさと方向はバーガース・ベクトル（Burgers vector）$\boldsymbol{b}$ で表され，転位線と $\boldsymbol{b}$ が直交するものを**刃状**（じんじょう）**転位**（edge dislocation），平行なものを**らせん転位**（screw dislocation），これらが混じり合ったものを**混合転位**（mixed dislocation）という．一般的に，結晶中の転位密度は単位体積中の転位線の長さ（cm/cm³）で表され，焼きなまし状態では $10^6 \sim 10^7$ (cm/cm³)，冷間加工状態では $10^{11} \sim 10^{12}$ (cm/cm³) 程度である．また面欠陥には，結晶面の重なり方が乱れた**積層欠陥**（stacking fault）や**双晶**（twin）がある．

点欠陥のうち，原子空孔は原子と空孔の位置交換によって起こる拡散現象において大きな役割を演じている（第2章参照）．侵入型や置換型原子は外力に対して原子の動きを妨げるため，材料の変形挙動に影響を及ぼす．また，転位は

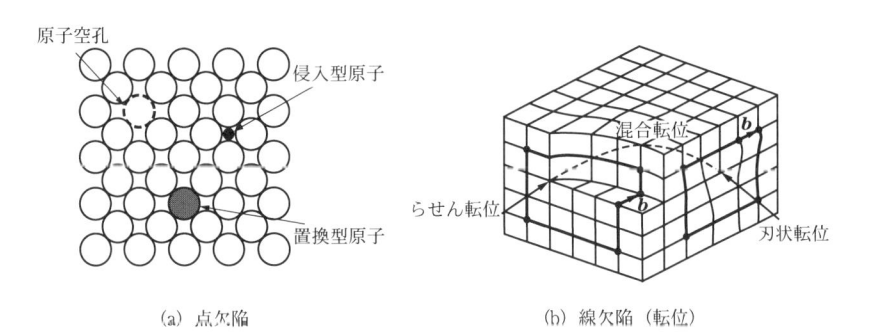

(a) 点欠陥 (b) 線欠陥（転位）

図 1.11　材料中の格子欠陥

次節でも述べるが，材料の塑性変形挙動に影響を及ぼす．このように，格子欠陥は材料加工において重要な役割を演じている．

1.3　機械的性質とミクロ構造の関係

A．金属材料の塑性変形のメカニズム

金属材料にある一定以上の外力が加わると，結晶内の特定の面（すべり面（slip plane））上で特定の方向（すべり方向（slip direction））にすべりが発生し，塑性変形が起こる．すべりは，すべり面上に作用するすべり方向のせん断応力 τ（これを分解せん断応力（resolved shear stress）という）が，ある材料

表 1.2　金属結晶のすべり系の例

結晶構造	すべり面	すべり方向
bcc	$\{110\}$, $\{211\}$, $\{321\}$	$\langle \bar{1}11 \rangle$
fcc	$\{111\}$	$\langle \bar{1}10 \rangle$
hcp	(0001)	$\langle 2\bar{1}\bar{1}0 \rangle$

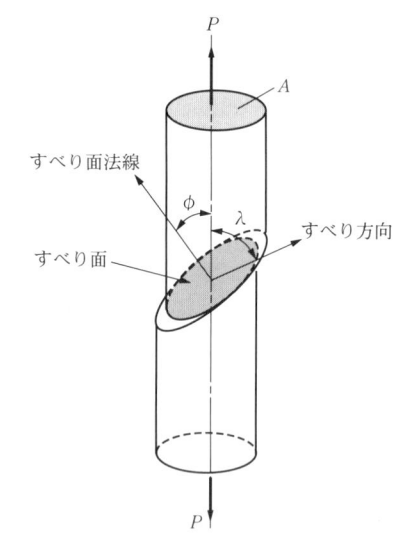

図 1.12　単結晶の引張り変形

固有の値 τ_c（臨界せん断応力（critical shear stress））に達したときに生じる．すべり面とすべり方向の組を**すべり系**（slip system）といい，表 1.2 に示すように，金属の結晶構造により決まる．

いま，図 1.12 に示すように，断面積 A の単結晶に引張り力 P を加えると，あるすべり面上ですべりが発生する．すべり方向に作用する分解せん断応力 τ は，引張り軸とすべり面法線のなす角を ϕ，引張り軸とすべり方向のなす角を λ とすると，次式で表される．

$$\tau = \frac{P\cos\lambda}{A/\cos\phi} = \frac{P}{A}\cos\lambda\cos\phi = \sigma\cos\lambda\cos\phi \tag{1.9}$$

この式において，$\cos\lambda\cos\phi$ を**シュミット因子**（Schmid factor）という．塑性変形に関与するすべり系の中で，分解せん断応力 τ が最大のすべり系，すなわちシュミット因子が最大のすべり系を**主すべり系**（active slip system または primary slip system）という．

B． 金属材料の強度を支配するミクロ構造

金属材料中に欠陥がない完全結晶において，図 1.13(a) に示すように，上下の原子間にせん断応力 τ が働き，これによる変位を u とすれば，図 1.13(b) に示すように，正弦関数として近似できる．

$$\tau = k\sin\left(\frac{2\pi x}{b}\right) \tag{1.10}$$

ここで，b は原子間距離である．微小ひずみに対して，上式は，$\tau = k(2\pi x/b)$ と

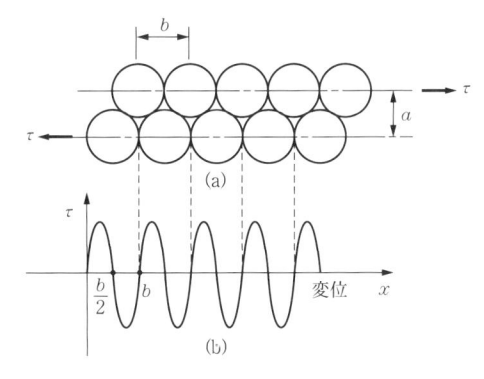

図 1.13 理論臨界せん断応力

表される．また，微小ひずみに対して弾性変形を示し，フックの法則 $\tau=G\gamma=G(x/a)$ が成り立つので，両式から，$k=Gb/2\pi a$ となる．これを式 (1.10) に代入すると，τ は $x=b/4$ で最大となるので，

$$\tau_{max}=\frac{Gb}{2\pi a} \tag{1.11}$$

ここで，a は原子面間隔で，$a\cong b$ と仮定すれば，

$$\tau_{max}\cong\frac{G}{2\pi} \tag{1.12}$$

となる．このように，原子の結合から理論的に求められるせん断応力を理論せん断応力（theoretical shear stress）という．

面心立方格子では，すべり系は，$\{111\}$-$\langle\bar{1}10\rangle$ であるので，格子定数を a_0 とすると，原子間距離 $b=a_0/\sqrt{2}$，原子面間隔 a は，$d_{hkl}=a_0/\sqrt{h^2+k^2+l^2}$ より，(111) に対して $a=d_{111}=a_0/\sqrt{3}$ となる．これらを式 (1.11) に代入すると，$\tau_{max}\cong G/5$ となる．銅の場合には，剛性率 $G=35\,\mathrm{GPa}$ とすると，$\tau_{max}\cong 7\,\mathrm{GPa}$ と計算される．このように，完全結晶では実用の金属材料よりはるかに高い強度を示し，ウィスカーとよばれる針状結晶では，理論強度に近い値を示すことが知られている．実用の金属材料では，転位が存在しており，外力が働いた場合には原子がすべりやすいために，理論強度よりはるかに低い値となる．このように，実用の金属材料の強度に対しては，転位が大きな影響を及ぼす．

このため，実用の金属材料を強化（hardening または strengthening）するには，転位の運動を妨げればよい．転位の運動を妨げるものには，転位自身をは

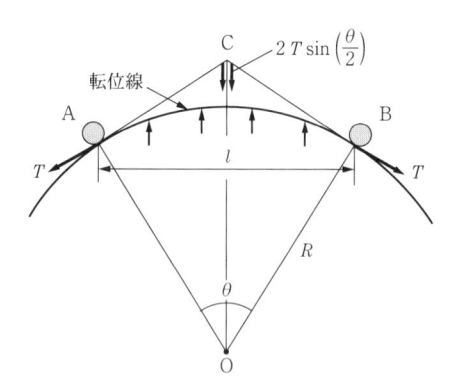

図 1.14 湾曲した転位に働く力

じめとして固溶原子，分散粒子，析出物などがある．また，結晶粒界も転位の運動を妨げる障害物となりうる．以下に，金属材料の強化機構について述べる．

金属材料にせん断応力 τ が作用した場合に，1本の単位長さの刃状転位が受ける力 f は，バーガース・ベクトルの大きさを b とすると，

$$f = \tau b \tag{1.13}$$

で表され，この式はピーチ・ケーラ（Peach-Koehler）の式とよばれる．

図1.14に示すように，すべり面上に1本の長さ l の刃状転位があり，その運動が2個の障害物（転位，分散粒子，析出物など）A，Bによって妨げられたとする．図のように湾曲した転位に生ずる張力を T，曲率半径を R，なす角度を θ とすると，式(1.13)より得られる長さ l の転位を動かすために必要な力 $F = (\tau b)l$ とこの張力 T との釣り合いを考えると，$\sin(\theta/2) = (l/2)/R$ を考慮して，

$$T = \tau b R \tag{1.14}$$

となる．長さ l の転位が持つ弾性エネルギー U は $\alpha G b^2 l$ で与えられる[*1]ので，$T = (\partial U/\partial l) = \alpha G b^2$ となり，式(1.14)より

$$\tau = \frac{\alpha G b}{R} \tag{1.15}$$

となる．ここで，転位を障害物と考える．いま移動する転位の長さ $2R$ が障害物となる転位間の平均距離 l と等しいとすると，転位密度 ρ は，$\rho = 1/l^2$ で与えられる[*2]ので，式(1.15)は

$$\tau = 2\alpha G b \sqrt{\rho} \tag{1.16}$$

となる．

上式から，転位密度 ρ が増加すれば，変形に必要な応力も増加する．すなわち，加工により転位が導入されればされるほど，変形応力が増加することを示している．これは，§1.1で述べた**加工硬化**（work hardening）の現象として知られている．

（a）**分散強化**（dispersion hardening）

マトリックス中に粉末粒子などを分散させて，これにより転位の運動を妨げ

[*1] 例えば参考文献7)を参照．
[*2] 例えば参考文献4)を参照．

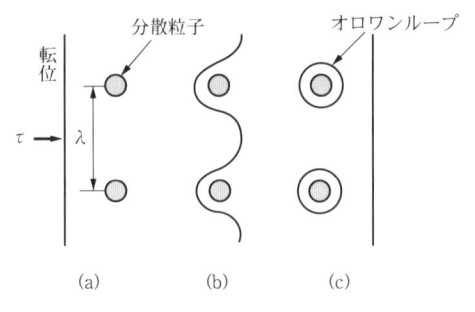

図 1.15 オロワン機構

る強化法を分散強化という．図 1.15 に示すように，転位の代わりに分散粒子を障害物として考える．粒子間隔を λ とすると，式 (1.15) より，

$$\tau = 2\alpha Gb\lambda^{-1} \tag{1.17}$$

となる．この式から分散粒子の間隔が狭いほど，変形応力が増加することがわかる．また，図 1.15 に示すように，分散粒子では障害物が大きいため，転位は粒子の周りにオロワンループ（Orowan loop）とよばれる転位ループを形成する．この機構をオロワン機構（Orowan mechanism）とよぶ．

この分散強化を利用した代表的な材料に，Al_2O_3 粒子分散アルミニウム（SAP），ThO_2 粒子分散ニッケル（TD 合金）などがある．

（b） 析出強化（precipitation hardening）

分散粒子に代わって，析出物により転位の運動を妨げる強化法を析出強化という．析出物は分散粒子と異なり，微細な場合が多いため，多くを析出することにより転位の運動を妨げる必要がある．析出物の半径が 30 nm 以上では，分散粒子の場合と同様にオロワン機構により強化されるといわれている．この代表的な例として，§2.3 に示す G. P. ゾーンの析出によるアルミニウム合金の強化機構がある．

（c） 固溶強化（solid solution hardening）

固溶原子により転位の運動を妨げる強化法を固溶強化という．置換型固溶原子の場合には，固溶原子による応力場と転位による応力場の相互作用により転位の運動が妨げられ，侵入型固溶原子の場合には，転位芯の周りに固溶原子が集まったコットレル雰囲気により転位の運動が妨げられるといわれている．

（d） 結晶粒界による強化

結晶粒の大きさ d と変形応力 σ の間には，ホール・ペッチ（Hall-Petch）の関係式

$$\sigma = \sigma_0 + kd^{-\frac{1}{2}} \tag{1.18}$$

が成り立つ．ここで，σ_0 は定数である．この式からわかるように，結晶粒を粗大化させると変形応力の低下，すなわち強度の低下をまねくのに対して，微細化させると強度を向上させることができる．これは，結晶粒が微細化されればされるほど，結晶粒界により転位の運動が妨げられるためである．このように，冷間加工と熱処理を組み合わせて金属材料の材質をうまく制御できる．

［演習問題］

1. 体心立方格子および面心立方格子の原子の充塡率を格子定数 a，原子半径 r として計算せよ．
2. 表1.2のミラー指数で示したすべり系について，結晶構造を描き，その代表的なすべり面とすべり方向を図示せよ．
3. 銅の理論密度を計算せよ．なお，銅の原子半径は 0.128 nm，原子量は 63.55 g とせよ．
4. アルミニウムの単結晶を ［001］方向に 100 MPa で引張ったときのすべり応力を計算せよ．すべり系は，（111），［$\bar{1}$01］とする．
5. 鉄の剛性率 G が 80 GPa である場合には，理論せん断強度 τ はいくらになるか予測せよ．
6. 析出強化型のアルミニウム合金を熱処理すると，析出物が平均 0.2 nm の間隔で存在した．オロワン機構を考慮して，せん断応力を予測せよ．格子定数は 0.4 nm，剛性率は 30 GPa，$\alpha=1$ とせよ．

参 考 文 献

1) 柳沢平，吉田総仁：材料科学の基礎（共立出版，1994）
2) 阿部秀夫：金属組織学序論（コロナ社，1970）
3) 幸田成康：金属物理学序論（コロナ社，1974）

4) 砂田久吉：演習材料強度学入門（大河出版，1990）
5) J. K. Shackelford: Introduction to Materials Science for Engineers, 4th ed. (Prentice Hall, 1996)
6) L. H. Van Vlack: Materials Science for Engineers (Addison-Wesley Publishing, 1970)
7) M. A. Meyers and K. K. Chawla: Mechanical Behavior of Materials (Prentice Hall, 1999)

2 温度による材料組織の変化と機械的性質

> 材料の機械的性質はその組織に依存するため,温度による材料の組織制御を行うことは材料加工の分野において非常に重要である.本章では,材料加工において重要な平衡状態図と相変態,拡散,時効と析出,回復と再結晶といった組織制御に関する基礎的な事項と,それに伴う材料の機械的性質について述べる.

2.1 平衡状態図と相変態

A. 平衡状態図

材料,特に金属材料を加工する場合には,鋳造・溶接のように液相状態,粉体加工のように液相および固相の両方,塑性加工のように固相状態を主に取り扱う.また,合金にすると固溶体や金属間化合物の相(phase)が現れ,一層複雑な系を取り扱うことになる.

物質を構成する相の数を p,独立な成分(component)の数を c とすると,

$$f = c - p + 2 \tag{2.1}$$

という関係が成り立つ.これを相律(phase rule)という.f は互いに独立に変化させることのできる温度,圧力および濃度の条件の数で,自由度(freedom)とよばれる.純金属あるいは合金を取り扱う場合には,一般的に液相および固相状態が対象となり,気相状態については考えなくてよい.したがって,圧力については考慮する必要がないので,自由度 f は次式で与えられる.

$$f = c - p + 1 \tag{2.2}$$

例えば,純金属(一元系で $c=1$)で液相と固相が共存する場合には $p=2$ であるので,$f=0$ となり,温度を自由に選ぶことができない.すなわち,これは一定温度である融点を意味する.また,固相のみで二相共存する場合($p=2$)にも $f=0$ となり,固相における一定温度(変態温度)を意味する.

合金の平衡状態における成分と温度による相の状態を表した図を平衡状態図

(equilibrium diagram) または相図 (phase diagram) という．二成分の元素からなる代表的な二元系平衡状態図には全率固溶型，共晶[*1]・共析[*2]型および包晶[*3]型がある．

図2.1に全率固溶型平衡状態図を示す．図2.1(a)は元素A, Bとこれらを任意に混ぜた合金Cの熱分析曲線である．純金属A, Bでの停留点が融点にあたり，合金Cでは高温側での屈曲点C_1は液相の一部が凝固を開始する温度で，低温側での屈曲点C_2は液相全部が凝固を終了する温度である．凝固開始温度を結んだ線を液相線 (liquidus)，凝固終了温度を結んだ線を固相線 (solidus) という．横軸に成分，縦軸に温度をとってこのような相の変化について表した図が図2.1(b)に示す状態図である．この状態図において，横軸は元素Bの成分変化（通常mass%で示す）を示し，左端は元素A 100%，元素B 0%，右端は元素A 0%，元素B 100%である．上側の液相と下側の固相にはさまれた領域は液相と固相の共存領域である．

図2.1(b)に示すように，ある任意の成分X_Cの合金を液相状態C_Lから冷却

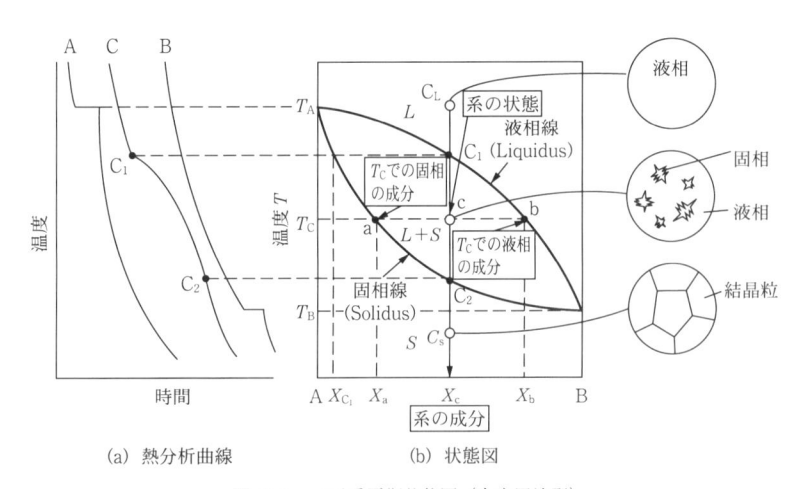

図 2.1 二元系平衡状態図（全率固溶型）

[*1] 共晶 (eutectic)：冷却の過程で，1つの液相から2つ以上の固相が混合した組織へ変化すること，またはその反応で生じた組織をいう．
[*2] 共析 (eutectoid)：冷却の過程で，1つの固溶体から2つ以上の固相が混合した組織へと変化すること，またはその変態で生じた組織をいう．
[*3] 包晶 (peritectic)：冷却過程で，1つの固溶体と液相が反応してその固溶体の外周に別の固溶体をつくること，またはその反応で生じた組織をいう．

していくと点 C_1 で成分 X_C の液相から成分 X_{C_1} の固相を晶出し始め，点 C_2 まで冷却するとすべて成分 X_C の固相となる．冷却途中の液相・固相共存領域において，点 C での固相と液相の成分はそれぞれ X_a（a 点）と X_b（b 点）となり，それぞれの割合を f_L と f_S とすると，次式が成り立つ．

$$f_S + f_L = 1 \tag{2.3}$$

$$f_S X_a + f_L X_b = X_c \tag{2.4}$$

これより，固相の割合 f_S と液相の割合 f_L は

$$f_S = \frac{X_b - X_c}{X_b - X_a} \tag{2.5}$$

$$f_L = \frac{X_c - X_a}{X_b - X_a} \tag{2.6}$$

$$\frac{f_L}{f_S} = \frac{X_c - X_a}{X_b - X_c} \tag{2.7}$$

となり，系の成分の値から求められる．この関係を示したのが図 2.2 で，てこの関係（lever rule）とよばれる．ここで，液相線は液相の成分変化を示すのに対して，固相線は固相の成分変化を示す．

〔原子％（at％）と質量％（mass％）の変換〕

A，B 元素の二成分系合金において，原子量をそれぞれ a, b とし，A 元素の質量％を x（mass％）とすると，原子％ と 質量％ の関係は次式で示される．

$$\text{A 元素の原子％} = \frac{100bx}{a(100-x) + bx} \text{（at％）}$$

$$\text{B 元素の原子％} = \frac{100a(100-x)}{a(100-x) + bx} \text{（at％）}$$

材料加工の分野において，鋼や鋳鉄は最も多く利用される材料で，これらの組織変化を知ることは重要である．その基礎となるのが Fe-C 系複平衡状態図（図 2.3）である．この系は包晶型，共晶・共析型から構成されており，実線は Fe-

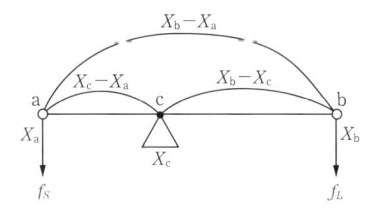

図 2.2 てこの関係

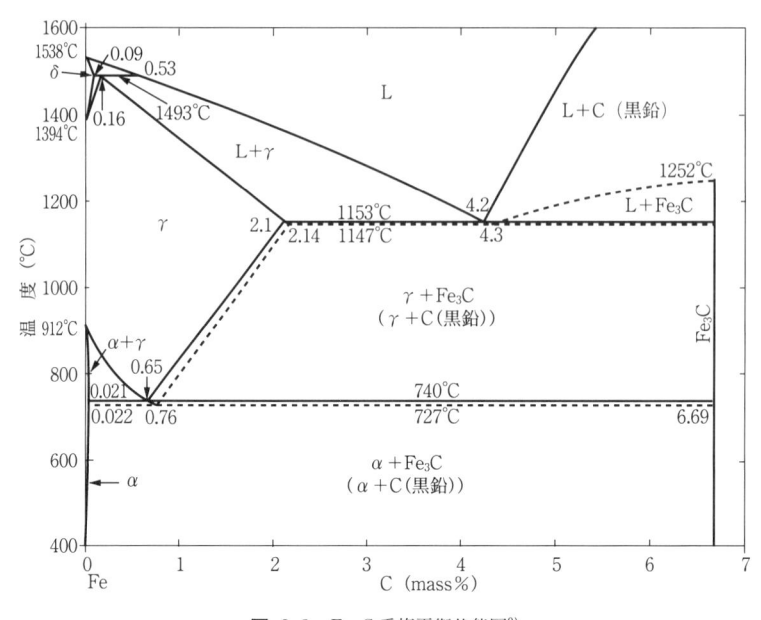

図 2.3 Fe-C 系複平衡状態図[9]

C（黒鉛）系平衡状態図（安定系）を，破線は Fe-Fe$_3$C（セメンタイト）系平衡状態図（準安定系）を示す．一般的に炭素量 2.14% 以下を炭素鋼（carbon steel）とよび，2.14 mass% 以上，6.69 mass% 以下を鋳鉄（cast iron）とよんでいる．純鉄では低温から α 鉄（bcc），γ 鉄（fcc）および δ 鉄（bcc）の三相が存在する．炭素を固溶した炭素鋼では α 固溶体（フェライト，ferrite），γ 固溶体（オーステナイト，austenite）および δ 固溶体と Fe$_3$C（セメンタイト，cementite）が存在する．これに対して鋳鉄では α 固溶体および γ 固溶体のほかに，高炭素領域で安定系の黒鉛（graphite）と準安定系の Fe$_3$C が存在する．したがって，炭素鋼では Fe-Fe$_3$C 系平衡状態図を考えればよいのに対して，鋳鉄では Fe-C 系平衡状態図もあわせて考える必要がある．

図 2.4 に Fe-Fe$_3$C 系平衡状態図の共析部分における組織変化を示す．この部分は炭素鋼に対応し，共析点（炭素量 0.76 mass%）の成分の鋼を**共析鋼**（eutectoid steel），これ以下のものを**亜共析鋼**（hypoeutectoid steel），これ以上のものを**過共析鋼**（hypereutectoid steel）という．γ 領域から冷却していくと，

① 亜共析鋼では，A$_3$ 変態温度以下で γ 相粒界から初析フェライト（pro-

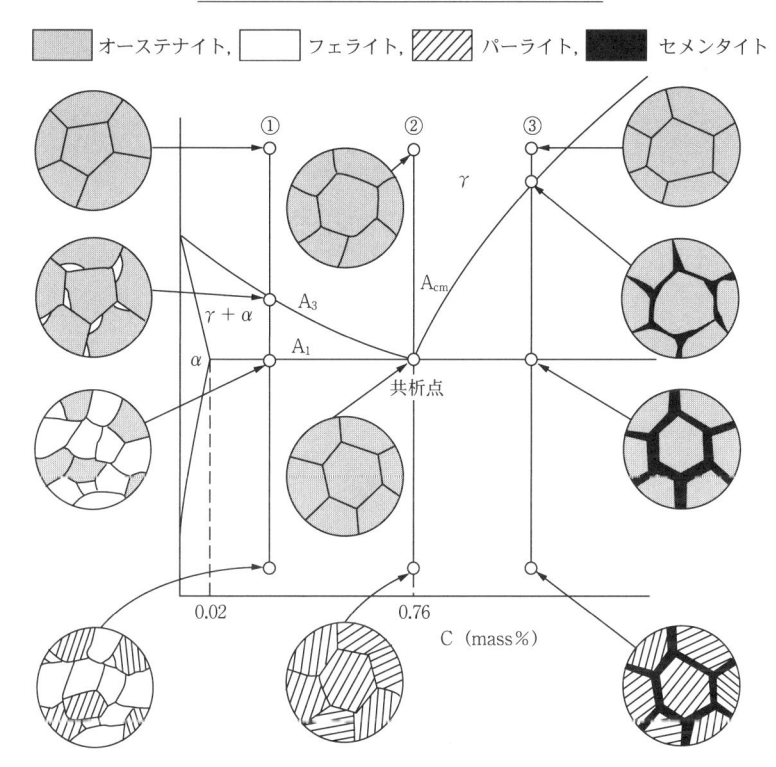

図 2.4 Fe–Fe₃C 系平衡状態図（共析部分）における組織変化

eutectoid ferrite）を析出する．この領域でのフェライトとオーステナイトの割合は，炭素量 0.25 mass% の場合には，てこの関係より，

$$（フェライトの量）=\frac{0.76-0.25}{0.76-0.02}\times 100 \approx 70\%$$

$$（オーステナイトの量）=\frac{0.25-0.02}{0.76-0.02}\times 100 \approx 30\%$$

となる．A_1 変態温度で共析反応

$$\gamma \rightarrow \alpha + Fe_3C$$

（フェライトとセメンタイトからなる層状パーライトへの変化，図 2.5 参照）が起こり，この温度以下で γ 相はパーライト（pearlite）に変態する．

② 共析鋼では，A_1 変態温度（727℃）で，γ 相はすべてパーライトに変態す

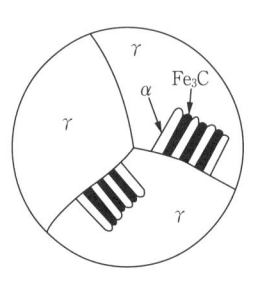

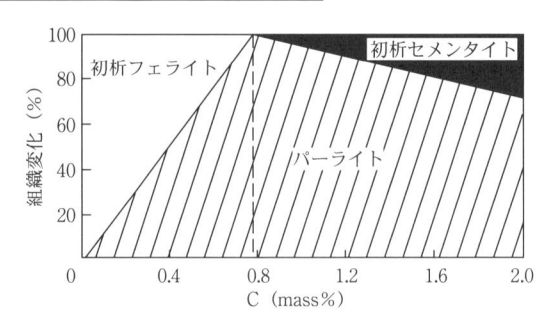

図 2.5　パーライト変態　　　図 2.6　炭素量に対する組織変化

る．
③　過共析鋼では，A_{cm} 変態温度以下で γ 相粒界から初析セメンタイトを析出し，A_1 変態温度以下で γ 相はパーライトに変態する．

常温では，これらの組織の割合は炭素量に対して，図 2.6 に示すように変化する．

B．連続冷却変態図

これまで述べてきた平衡状態図では，ある組成のある温度での平衡状態の組織がどのようであるかは知ることができる．しかし，冷却速度が変化する非平衡状態の組織については知ることはできない．材料の組織は，加熱後の冷却速度を変えることにより大きく変化するので，これについても十分に知っておくことは重要である．

鋼の熱処理では，γ 固溶体(オーステナイト)の温度域に加熱し，冷却速度を変化させて組織を制御する．オーステナイト領域から連続的に冷却したときに得られる組織変化を示した図を連続冷却変態図（continuous cooling transformation diagram：CCT 図）という．図 2.7 に共析鋼の連続冷却変態図を示す．ここで，実線が連続冷却曲線，破線が次節で述べる恒温変態曲線である．また，P_s（P はパーライト，s は start を意味する）はパーライト変態開始線，P_f（f は finish を意味する）は終了線である．図において，①，②，③の順で冷却速度が速くなっており，それぞれの冷却曲線では P_s あるいは P_f と交差しているかどうかで次のような組織変化が起こることがわかる．
①　オーステナイトが /M_s/ 点以下でマルテンサイトに変態する．

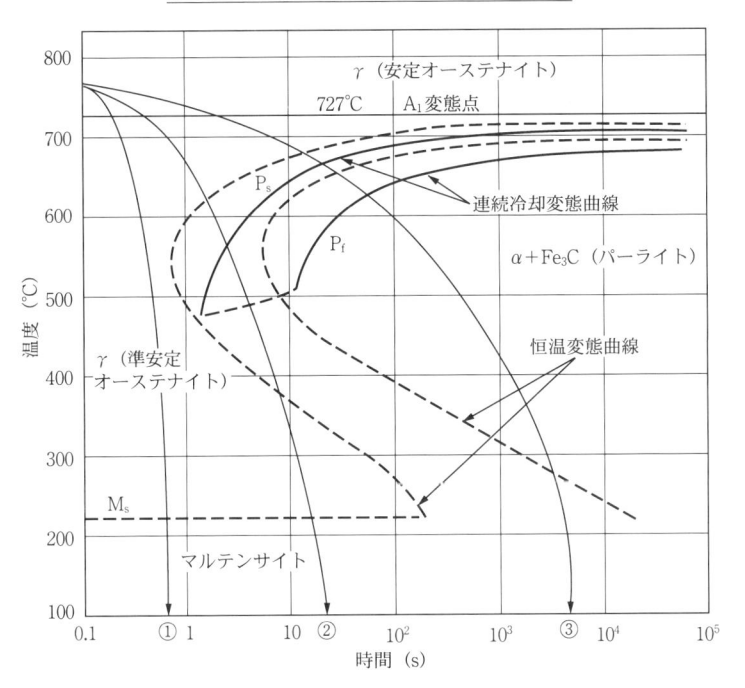

第 2 章　温度による材料組織の変化と機械的性質

図 2.7　連続冷却変態図（共析鋼）

② 一部はオーステナイトがパーライトになり，残りのオーステナイトは /M_s/ 点以下でマルテンサイトに変態する．
③ 全部がオーステナイトからパーライトに変態する．

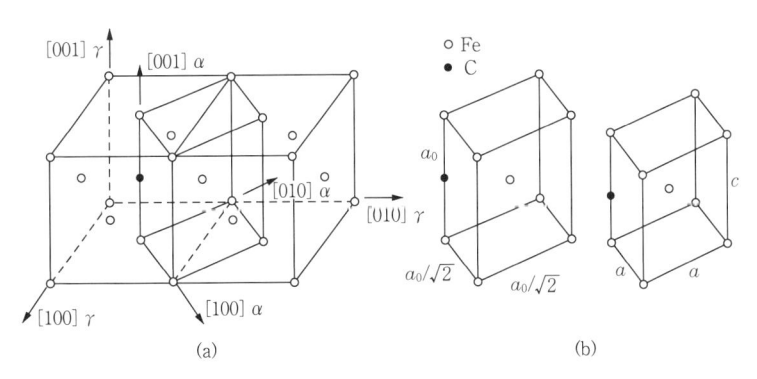

図 2.8　マルテンサイト変態

マルテンサイト（martensite）は非常に速く冷却した場合に得られる組織で，図2.8に示すようにオーステナイトの面心立方格子の○で示すFe原子（図2.8(a)）が移動することなく，体心正方格子（図2.8(b)）に●の炭素を含んだまま瞬時に変化することにより得られるといわれている．このような変化をマルテンサイト変態（martensite transformation）あるいは原子の拡散がないので無拡散変態（diffusionless transformation）といい，炭素の存在により格子がひずむために硬い組織となる．

C．恒温変態図

オーステナイトの状態から，A_1変態点以下のある温度まで急冷し，一定温度に保持して時間とともに組織がどのように変化するかを示した図が恒温変態図あるいは等温変態図（time temperature transformation diagram：TTT図）である．図2.9に共析鋼の恒温変態図を示す．この図の曲線はS字をしていることからS曲線（S curve）ともよばれる．550℃付近の突出部は鼻（nose）と

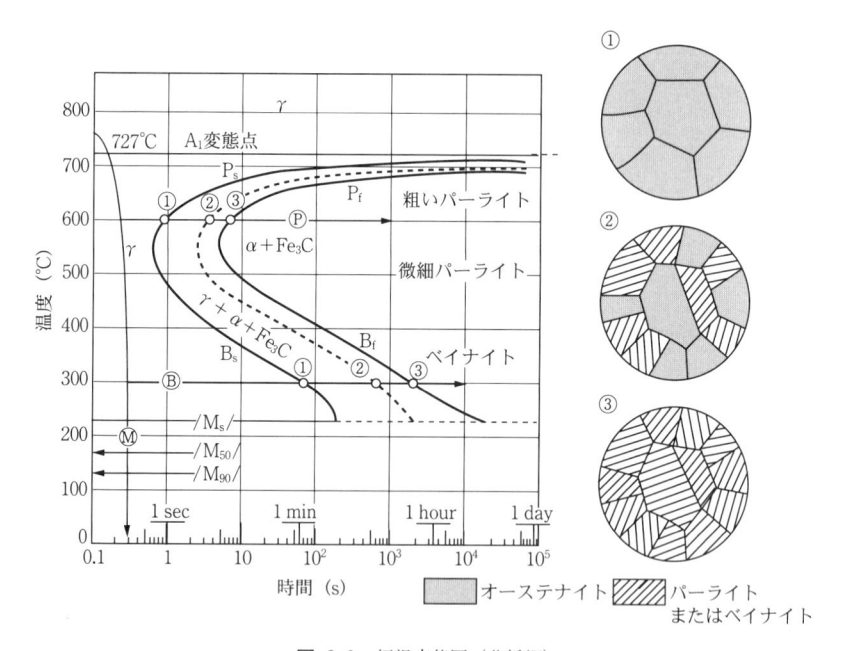

図2.9 恒温変態図（共析鋼）

よばれる．この鼻より高い温度に保持すると（図中に⑨で示す），連続冷却変態図のところで述べたように，①の P_s でパーライト変態が開始し，②ではオーステナイトが50%パーライトに変態し，③の P_f ではオーステナイトがすべてパーライトに変態する．この温度範囲で，高温側では炭素の拡散が起こりやすいので粗いパーライト，低温側では炭素の拡散が起こりにくくなり細かいパーライトとなる．この鼻より低くマルテンサイト変態開始温度 M_s より高い温度範囲に保持すると（図中に⑧で示す），連続冷却変態図では見られない**ベイナイト**（bainite）という組織が現れる．高温側を上部ベイナイト，低温側を下部ベイナイトという．ベイナイトはフェライト中に微細なセメンタイト粒子が分散した組織で，マルテンサイトより軟らかいがかなりの硬さを有し，延性や靭性に富む．鼻の部分にかからないように急冷すると（図中に⑩で示す），連続冷却変態図に現れたと同じマルテンサイトが現れる．実際には図に示すように低温になってもオーステナイトが残留する．これを**残留オーステナイト**（retained austenite）という．これを変態させるために特殊な熱処理が行われる．これについては第6章で述べる．

2.2 拡　散

A．拡散機構

熱処理，溶接，焼結などの材料加工の分野において，その現象をミクロ的に観察すると，これらは原子の移動により起こっている．この原子の移動を**拡散**（diffusion）という．したがって，材料加工の分野において拡散現象を理論的に取り扱っておくことは非常に重要なことである．例えば，図2.10のように純金属A，Bを隣接させてある温度以上に加熱すると，A原子とB原子の移動が起こり混ざり合ってくる．これを**相互拡散**（interdiffusion）という．これは図中

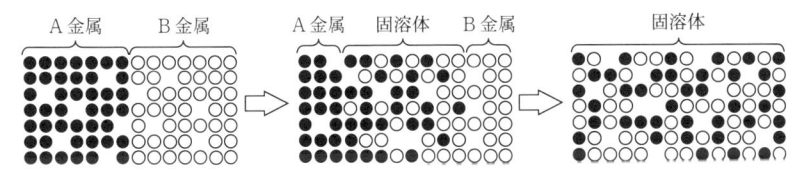

図 2.10　拡散現象[7)]

にも示すように，材料中に存在する空孔（vacancy）が大きな役割を果たしており，この空孔を通して原子の移動が容易に起こる．置換型固溶体の場合には，この空孔拡散機構によっているが，侵入型固溶体の場合には必ずしも空孔を必要としない．例えば，鋼のオーステナイトは侵入型固溶体で炭素原子を固溶している．前節でも述べたように，オーステナイトは A_1 変態温度でフェライトとセメンタイトからなるパーライトに変態する．この場合にはオーステナイト中の炭素原子が Fe 原子の格子の隙間を通って拡散して Fe_3C（セメンタイト）を生成する（図2.5参照）．このような拡散現象は**格子間拡散機構**といわれている．このほかの拡散機構もいくつか提案されている[*1]．

このように，拡散は原子の移動により起こる．この原子（空孔）の移動速度を**拡散係数**（diffusion coefficient または diffusivity）という．拡散係数 D は（化学反応におけるアレニウス（Arrhenius）の式にならって），

$$D = D_0 \exp(-Q/RT) \tag{2.8}$$

で表され，単位は m^2/s である．ここで，D_0 は頻度因子（frequency factor, m^2/s），R はガス定数（gas constant, 8.314 J/mol·K），Q は活性化エネルギー（activation energy, kJ/mol）である．表2.1に種々の系の頻度因子 D_0 と活性化エネルギー Q の値，図2.11に拡散係数と温度の関係を示しておく．

表 2.1 頻度因子と活性化エネルギー[7]

溶質	溶媒	D_0 (m²/s)	Q (kJ/mol)	Q (kcal/mol)
C	Fe(fcc)	20×10^{-6}	142	34.0
C	Fe(bcc)	220×10^{-6}	122	29.3
Fe	Fe(fcc)	22×10^{-6}	268	64.0
Fe	Fe(bcc)	200×10^{-6}	240	57.5
Ni	Fe(fcc)	77×10^{-6}	280	67.0
Cu	Al	15×10^{-6}	126	30.2
Cu	Cu	20×10^{-6}	197	47.1
C	Ti(hcp)	511×10^{-6}	182	43.5

[*1] 詳細は，例えば P.G. Shewmon 著，笛木和雄・北澤宏一共訳：固体内の拡散（コロナ社，1994）を参照のこと．

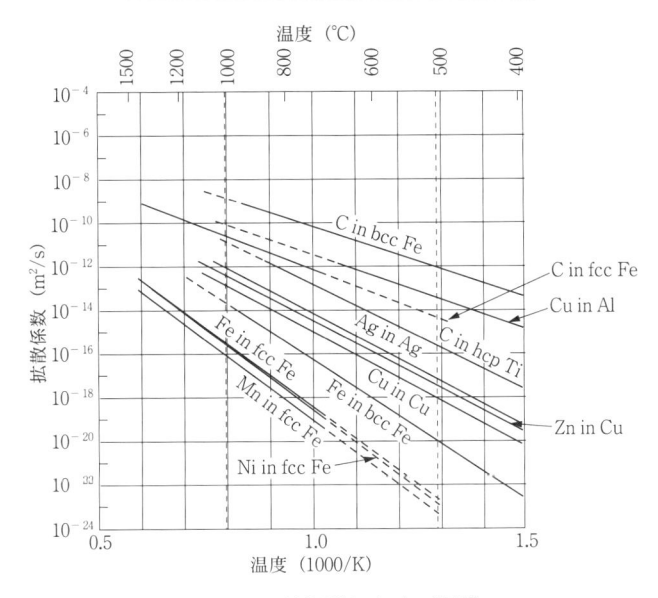

図 2.11 拡散係数と温度の関係[7]

B. フィックの法則

原子の拡散は，図 2.12 に示すように濃度勾配に比例して起こり，単位面積，単位時間あたりの拡散量 J（これを拡散流束（diffusion flow）という）は，

$$J = -D\left(\frac{\partial c}{\partial x}\right) \tag{2.9}$$

で与えられる．これをフィックの第 1 法則（Fick's first law）という．

また，濃度 $c(x, t)$ の時間的変化は，

$$\frac{\partial c}{\partial t} = D\frac{\partial^2 c}{\partial x^2} \tag{2.10}$$

で与えられる．これをフィックの第 2 法則（Fick's second law）という．

図 2.13 のように，A-B 合金で B 原子の濃度が c_1 および c_2 ($c_1 > c_2$) の棒を接合して加熱した場合の B 原子の拡散状態を考える．初期条件，$t = 0$ において，

$x \leq 0, \quad c(x, t) = c_1$

$x > 0, \quad c(x, t) = c_2$

図 2.12 フィックの法則

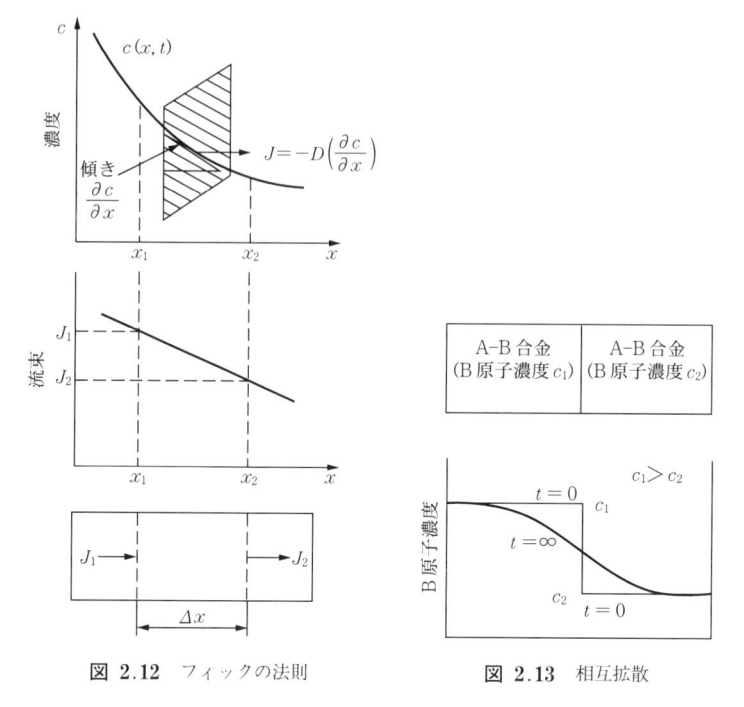

図 2.13 相互拡散

で，A，B原子の拡散係数は等しく D として式 (2.10) を解くと，

$$\frac{c-c_2}{c_1-c_2}=\frac{1}{2}\left\{1-\frac{2}{\sqrt{\pi}}\int_0^{x/2\sqrt{Dt}}\exp(-\eta^2)\,d\eta\right\} \quad (2.11)$$

ここで，

$$\frac{2}{\sqrt{\pi}}\int_0^{x/2\sqrt{Dt}}\exp(-\eta^2)\,d\eta=erf\left(\frac{x}{2\sqrt{Dt}}\right) \quad (2.12)$$

は Gauss の誤差関数 (error function) とよばれる．これを用いると，式 (2.11) は次のように書き換えられる．

$$\frac{c-c_2}{c_1-c_2}=\frac{1}{2}\left\{1-erf\left(\frac{x}{2\sqrt{Dt}}\right)\right\}=\frac{1}{2}erfc\left(\frac{x}{2\sqrt{Dt}}\right) \quad (2.13)$$

誤差関数の値は表2.2に示すとおりで，この値を用いて図2.13に示すようにB原子の濃度分布を求めることができる．なお，$erfc(z)=1-erf(z)$ で，余誤差関数 (error function complement) とよばれる．

表 2.2 誤差関数表

z	$erf(z)$	z	$erf(z)$	z	$erf(z)$
0.00	0.0000	0.40	0.4284	1.00	0.8427
0.01	0.0113	0.45	0.4755	1.10	0.8802
0.02	0.0226	0.50	0.5205	1.20	0.9103
0.03	0.0338	0.55	0.5633	1.30	0.9340
0.04	0.0451	0.60	0.6039	1.40	0.9523
0.05	0.0564	0.65	0.6420	1.50	0.9661
0.10	0.1125	0.70	0.6778	1.60	0.9763
0.15	0.1680	0.75	0.7112	1.70	0.9838
0.20	0.2227	0.80	0.7421	1.80	0.9891
0.25	0.2763	0.85	0.7707	1.90	0.9928
0.30	0.3286	0.90	0.7969	2.00	0.9953
0.35	0.3794	0.95	0.8209	2.80	0.9999

2.3 時効と析出

Al-Cu合金において，Cu 2～5 mass%を含む合金を540℃程度に加熱・保持すると，図2.14に示すように均一なα固溶体となる．これを焼入れするとCu原子が拡散する時間かなく，Cu原子を過飽和に含んだ固溶体(過飽和固溶体という)となる．これを室温に放置あるいは加熱するとG. P. ゾーン[*1] (Guinier-Preston zone)とよばれる微細なCu原子からなる析出物が生じて硬化する．これを**時効** (agingあるいはageing)という．室温で起こる場合を室温時効(あるいは自然時効)，加熱により起こる場合を高温時効(あるいは人工時効)という．

この合金における時効温度に対する析出物の変化を見ると，次のようになる．

$$\text{G. P. ゾーン} \to \theta'' \to \theta'\text{-CuAl}_2 \to \theta\text{-CuAl}_2$$

図2.15に時効温度に対する機械的性質の変化を示す．強度・硬さは100℃以上の高温時効によりθ'-CuAl$_2$が析出する温度で最も強度・硬さが高くなる．さらに，高温での加熱あるいは長時間加熱すると析出物が成長・粗大化し，強度・硬さは低下する．これを**過時効** (over aging) という．このような析出物の成長はオストワルド成長あるいは熟成 (Ostwald ripening) として示され，界面

[*1] G. P. ゾーン：合金の時効初期に過飽和固溶体中の溶質原子が集まって析出した大きさ約10 nm以下の板状あるいは球状の集合体をいう．

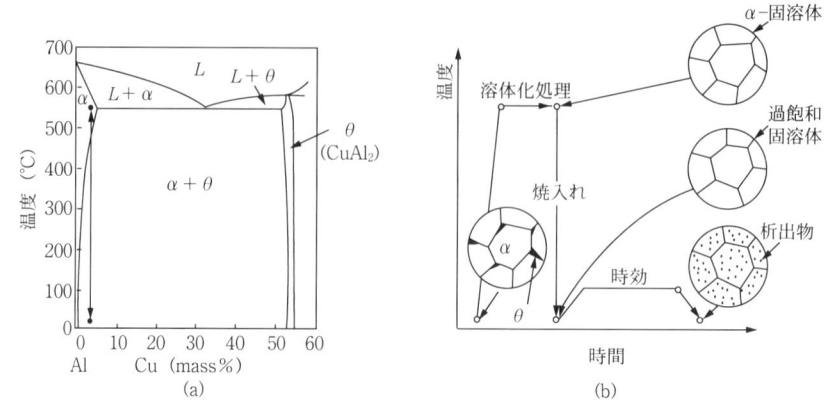

図 2.14 Al-Cu 系状態図および熱処理過程

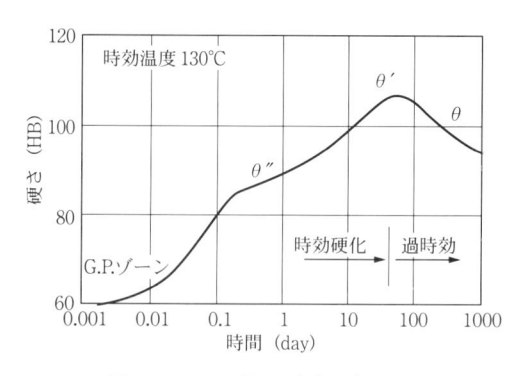

図 2.15 Al-4% Cu 合金の時効硬化

エネルギーの減少を駆動力として生じる．析出物の平均半径を $\bar{r}$, 時間を t とすると，次式で表され，Lifshitz-Wagner の式として知られている．

$$\bar{r}^3 - \bar{r}_0^3 = \frac{8}{9} \cdot \frac{\gamma D c_0 V_m^2}{kT} t \tag{2.14}$$

ここで，$\bar{r}_0$ は $t=0$ における析出物の平均半径，D は溶質の拡散係数，c_0 は基地中の溶質の平衡濃度，V_m は析出物の 1 モルあたりの体積，γ は析出物と基地の間の界面エネルギー，k はボルツマン定数である．

2.4 回復と再結晶

A. 回復

金属材料が冷間加工されると空孔の増加や転位の導入・増殖が起こる.これにより,図2.16(a)に示すように変形しにくくなり,いわゆる加工硬化を起こす.変形応力 τ と転位密度 ρ の間には,式 (1.16) の関係があることが知られている.この式からわかるように,転位が増加すると変形応力が大きくなる.このように,冷間加工した金属材料を高温 ($0.3T_m < T < 0.5T_m$,T_m:融点)で加熱すると,転位の再配列が起こり,結晶が多数のサブグレインに分割される.これをポリゴニゼーション (polygonization) という.このように,多数の絡み合った転位が開放されて組織が準安定状態になることを回復 (recovery) という.

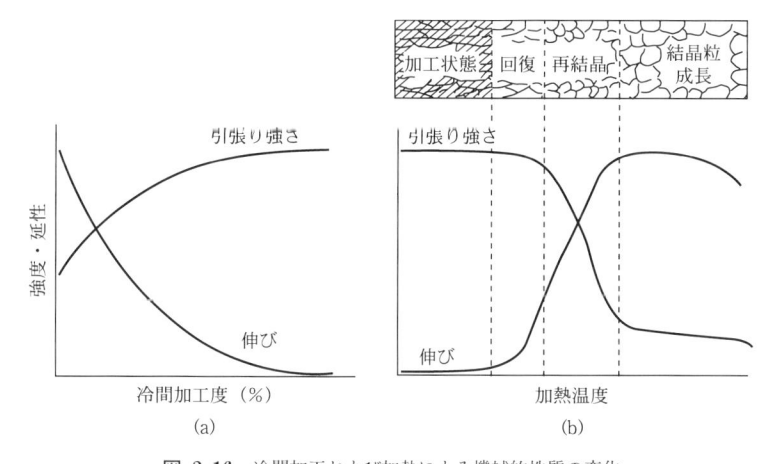

図 2.16 冷間加工および加熱による機械的性質の変化

B. 再結晶

冷間加工された金属材料をさらに高温 ($T > 0.5T_m$) で加熱すると,ある温度以上でひずみの大きい領域から転位密度の小さい結晶粒が核生成・成長し,微細な多結晶体となる.この現象を再結晶 (recrystallization) という.図2.16(b)

表 2.3 再結晶温度

金属	再結晶温度 (K)
Al	420～510
Fe	620～720
Cu	470～520
Ni	800～930

において軟化が起こる段階を，特に1次再結晶とよび，再結晶が起こり始める温度を**再結晶温度**という（表2.3参照）．さらに加熱すると結晶粒の成長・粗大化(grain growth)が起こり，このように高温で結晶粒成長が起こる段階を2次再結晶という．

2.5 高温における金属材料の機械的性質

A．線膨張係数およびヤング率

金属材料の線膨張係数は，温度とともに大きくなる．一方，ヤング率は，温度とともに小さくなる．図2.17は一例としてステンレス鋼（SUS 316）の線膨張係数およびヤング率の温度依存性を示したものである．

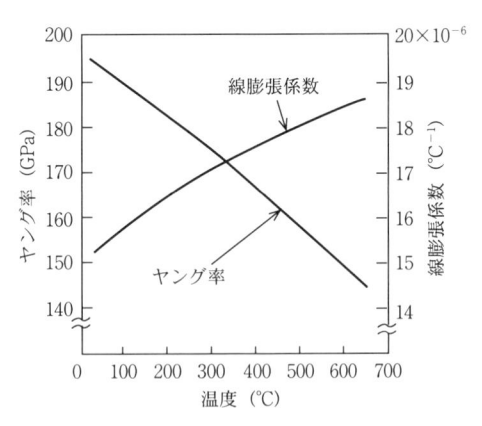

図 2.17 ステンレス鋼（SUS 316）の線膨張係数およびヤング率の温度依存性

B. 金属材料の変形抵抗に及ぼす温度および変形速度の影響

図 2.18 は，軟鋼，ステンレス鋼（SUS 304）および銅の降伏強さおよび引張り強さに及ぼす温度の影響を示したものである．この図より，これらの金属材料では温度とともに変形抵抗（降伏強さおよび引張り強さ）が小さくなっていることがわかる[*1]．これは温度が高いほど原子の熱振動が激しくなり，材料内で障害を乗り越えて原子が移動（すなわち転位が運動）しやすくなるためである．また，温度が高い場合には変形中に回復や再結晶が生じ（これらはそれぞれ動的回復（dynamic recovery），動的再結晶（dynamic recrystallisation）とよばれ，両者を総称して動的復旧過程ともいう），材料が軟化する．クリープにおいて温度が高いほど，また作用する応力が大きいほどひずみ速度が速くなるのも基本的には同じ理由による．

高温における金属材料の変形抵抗はひずみ速度にも強く依存し，ひずみ速度が遅いほど変形抵抗は小さくなる．図 2.19 は，その例として，炭素鋼（0.1% C-

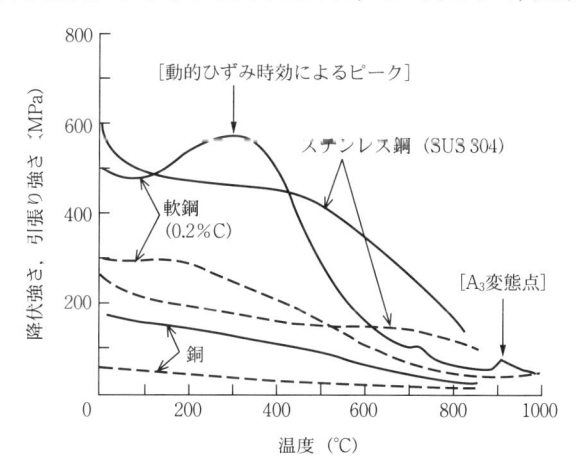

図 2.18 降伏および引張り強さに及ぼす温度の影響
（実線は引張り強さ，破線は降伏強さ）

[*1] 炭素鋼では通常 200～350℃ で変形抵抗が室温の場合よりわずかに高くなることが多く，高速変形ではさらに高い温度でこの現象が生じることがある．これは変形中に転位が炭素や窒素などの原子により固着されるいわゆる動的ひずみ時効（dynamic strain aging）によるものである．また，730～900℃ の温度域でも変形抵抗の上昇することが多い．これは，温度上昇に伴いオーステナイト（fcc）・フェライト（bcc）二相（$\alpha+\gamma$）領域からオーステナイト（fcc）相（γ）への変態が生じる点（A_3 変態点）に対応している．一般に同一温度では γ 相のほうが α 相よりも変形抵抗が大きいとされており，したがって A_3 変態点においてこのような変形抵抗の上昇が生じることになる．

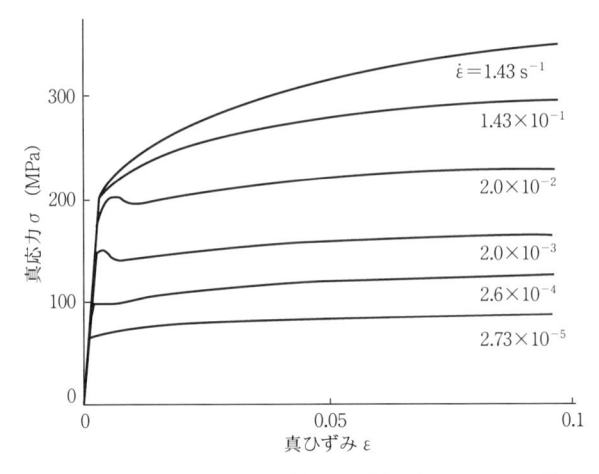

図 2.19 炭素鋼（0.1% C-0.2% Si-1.1% Mn）の 600℃における応力-ひずみ曲線に及ぼすひずみ速度の影響[4]

0.2% Si-1.1% Mn）の 600℃における応力-ひずみ曲線に及ぼす変形速度の影響を示している．このことは速度の遅い引張り（すなわち応力が作用している時間が長い場合）では低い応力でも生じるクリープ変形が大きくなるからである．さらに，回復や再結晶は時間とともに進行する現象であるので，動的回復や動的再結晶が生じる温度域では変形抵抗のひずみ速度依存性がより激しくなる．

C. 金属材料の延性に及ぼす温度と変形速度の影響

金属材料の延性（引張り試験における試験片の破断伸び，断面収縮率あるいは破断ひずみ[*1]により定量的に示されることが多く，「変形能」ともよばれる）は，図2.20(a)に模式的に示すように，温度とともに増加するのが一般的である．一方，図2.20(b)，(c)のように一般則からはずれ，ある温度域で延性が極小となる例もいくつかの金属材料でみられる．

ある温度域で延性が極小となる現象は一般に**中間温度脆性**（intermediate temperature embrittlement）とよばれる．銅やニッケルなどにおける中間温度

[*1] 破断ひずみ ε_f は試験片の変形前断面積 A_0 と破断最小断面積 A_{min} を用いて次式で定義される．
$\varepsilon_f = \ln(A_0/A_{min})$.

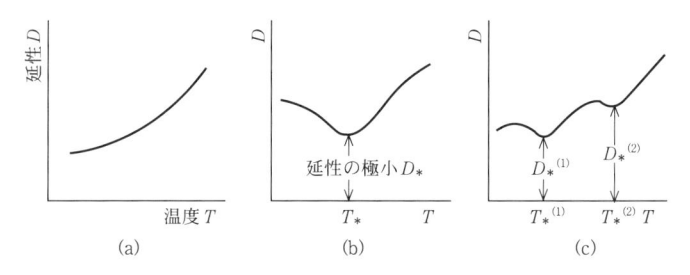

第 2 章　温度による材料組織の変化と機械的性質

図 2.20　金属材料の延性に及ぼす温度の影響
(a)：一般則，(b), (c)：一般則からはずれる場合

脆性は，ある温度域では粒内強度（すべり抵抗）が粒界強度より小さくなり粒界破壊が起こることによる．ひずみ速度が速くなると粒内強度が粒界強度より大きくなり，粒内すべり変形が支配的となり高い延性を示すようになる．

粒界破壊によらない中間温度脆性の例としては鋼の 200～400℃ における青熱脆性（blue brittleness）がある．これはこの温度域における動的ひずみ時効により転位の運動が妨げられる結果であるとされている．さらに鋼では 900～1000℃ で延性が低下する現象がみられることがあるが（これは赤熱脆性（red brittleness）とよばれる），これは硫黄（S）がオーステナイト粒界にもろい FeS などとして偏析し，粒界割れを生じるためである．

ある種の材料がある温度および変形速度域できわめて大きな延性（例えば引張り試験で伸びが数 100～2000%）を持つことがあり，この現象は超塑性（superplasticity）とよばれる．微細結晶粒を持つ材料（Al-Zn，Al-Cu，Mg-Cu など多くの金属材料，ジルカロイなど一部のセラミックス）の超塑性は粒界すべりの活発化によるもので，微細結晶粒超塑性あるいは構造超塑性とよばれる．一方，変形中に変態が生ずるために起こる超塑性は変態超塑性とよばれる．

[演習問題]

1. 図 2.4 に示す Fe-Fe$_3$C 系平衡状態図（共析部分）において，炭素量 0.45% での (1) γ 相領域，(2) A_3 変態点直下，(3) A_1 変態点直上および (4) 室温における組織を図示し，存在する相の割合を示せ．
2. 図 2.9 に示す共析鋼の恒温変態図を用いて，次の問に答えよ．

（1） 600℃でγ相がすべてパーライトに変態するにはどれだけの時間が必要か．
（2） 300℃でγ相が50％ほどベイナイトに変態するにはどれだけの時間が必要か．
（3） 770℃から500℃まで急冷し，5秒保持した後，250℃まで再急冷したときの組織変化について述べよ．
（4） (3)の組織を室温まで急冷するとどのような組織変化が起きるか述べよ．

3. 炭素鋼における1000℃でのオーステナイト中の炭素の拡散係数Dを表2.1のデータを用いて計算せよ．
4. 0.2％の炭素を含む鋼を1000℃で10時間浸炭した．表面から1mmの位置の炭素濃度を計算せよ．表面での炭素濃度は1.3％に保たれており，オーステナイト中の炭素の拡散係数には3で求めた値を用いよ．
5. 図2.14に示すAl-Cu系平衡状態図から，Al-4％Cu合金におけるθ相の量を計算せよ．また，この合金におけるG.P.ゾーンの最大量はいくらになるか推定せよ．

参 考 文 献

1) 横山亨：図解合金状態図読本（オーム社，1974）
2) 柳沢平，吉田総仁：材料科学の基礎（共立出版，1994）
3) 阿部秀夫：金属組織学序論（コロナ社，1970）
4) 田中政夫，朝倉健二：機械材料第2版（共立出版，1993）
5) 須藤一：機械材料学（コロナ社，1993）
6) 砂田久吉：演習材料強度学入門（大河出版，1990）
7) J. K. Shackelford : Introduction to Materials Science for Engineers, 4th ed. (Prentice Hall, 1996)
8) L. H. Van Vlack : Materials Science for Engineers (Addison-Wesley Publishing, 1970)
9) T. B. Massalski 編：Binary Alloy Phase Diagram 2nd ed. (ASM, 1990)

3 種々の工業材料

材料加工を行う場合には，加工される材料の特性を十分に知っておくことが重要である．ここでは，よく利用される工業材料の種類と特性，特に機械的性質について示しておく．

3.1 鉄鋼材料の種類とその特性

A．炭素鋼

機械や構造物の構造材料として構造用鋼 (structural steel) があり，その代表的なものとして一般構造用圧延鋼材 (SS 材) と溶接構造用圧延鋼材 (SM 材) がある．表 3.1 に示すように SS (structure steel) 材では，機械的性質は規定されているが，P，S 以外の化学成分は SS 540 以外では規定されていない．これに対して炭素量を制限して溶接性を向上させた材料に，SM (steel marine) 材[*1]がある．これらの鋼材は，通常の使用では熱処理を行わない．

機械の構造部品用には，炭素量を規定した表 3.2 に示す機械構造用炭素鋼 (S-C 材)，さらには Cr，Ni，Mo などの合金元素をも規定した表 3.3 に示す構造用合金鋼がある．これらの鋼材は，通常では鍛造，切削などの加工と熱処理

表 3.1 一般構造用圧延鋼材 (JIS G 3101 抜粋)

記号	化学成分 (%)			機械的性質		
	C	Mn	P,S	降伏点または耐力* N/mm^2	引張強さ N/mm^2	伸び %
SS 300				>195	330〜430	>26
SS 400	—	—	<0.050	>235	400〜510	>21
SS 490				>275	490〜610	>19
SS 540	<0.30	<1.60	<0.040	>390	>540	>17

*厚さ 16 mm 以下の場合

[*1] 詳細は参考文献 2) を参照．

表 3.2 機械構造用炭素鋼の炭素量区分による標準機械的性質（JIS G 4051 抜粋）

記号	化学成分（%） C	熱処理*	降伏点 N/mm^2	引張強さ N/mm^2	伸び %
S 10 C	0.08～0.13	N	>205	>310	>33
S 15 C	0.13～0.18	N	>235	>370	>30
S 20 C	0.18～0.23	N	>245	>400	>28
S 25 C	0.22～0.28	N	>265	>440	>27
S 30 C	0.27～0.33	N	>285	>470	>25
		H	>335	>540	>23
S 35 C	0.32～0.38	N	>305	>510	>23
		H	>390	>570	>22
S 40 C	0.37～0.43	N	>325	>540	>22
		H	>440	>610	>20
S 45 C	0.42～0.48	N	>345	>570	>20
		H	>490	>690	>17
S 50 C	0.47～0.53	N	>365	>610	>18
		H	>540	>740	>15
S 55 C	0.52～0.58	N	>390	>650	>15
		H	>590	>780	>14
S 58 C	0.55～0.61	N	>390	>650	>15
		H	>590	>780	>14

*N：焼きならし，H：焼入れ・焼戻し

を施して使用する．

B．鋳鉄および鋳鋼

　機械構造用材料としては，炭素鋼や合金鋼のほかに低コストで被削性や振動吸収性などに優れる鋳鉄が多く用いられている．また，鋳鉄は衝撃強度が低いため，鍛造では加工しにくい複雑形状品の場合には，鋳鋼が用いられている．鋳鋼には，炭素鋼鋳鋼品（SC材）をはじめ種々の合金鋼鋳鋼品がある．
　鋳鉄のJIS規格には表3.4～3.6に示すような，ねずみ鋳鉄品，球状黒鉛鋳鉄品およびオーステンパ球状黒鉛鋳鉄品の3種類があり，引張り強さ100 MPaか

第3章　種々の工業材料

表 3.3　構造用合金鋼（JIS G 4102, 4103, 4104, 4105 抜粋）

記号	化学成分（%）				機械的性質		
	C	Ni	Cr	Mo	降伏点 N/mm²	引張強さ N/mm²	伸び %
SCr 430	0.28〜0.33	—	0.90〜1.20	—	>635	>780	>18
SCr 435	0.33〜0.38	—	0.90〜1.20	—	>735	>880	>15
SCr 440	0.38〜0.43	—	0.90〜1.20	—	>785	>930	>13
SCr 445	0.43〜0.48	—	0.90〜1.20	—	>835	>980	>12
SCM 415	0.13〜0.18	—	0.90〜1.20	0.15〜0.30	—	>830	>16
SCM 430	0.28〜0.33	—	0.90〜1.20	0.15〜0.30	>685	>830	>18
SCM 435	0.33〜0.38	—	0.90〜1.20	0.15〜0.30	>785	>930	>15
SCM 440	0.38〜0.43	—	0.90〜1.20	0.15〜0.30	>835	>980	>12
SNC 236	0.32〜0.40	1.00〜1.05	0.50〜0.90	—	>590	>740	>22
SNC 631	0.27〜0.35	2.50〜3.00	0.60〜1.00	—	>685	>830	>18
SNC 863	0.32〜0.40	3.00〜3.50	0.60〜1.00	—	>785	>930	>15
SNCM 240	0.38〜0.43	0.40〜0.70	0.40〜0.65	0.15〜0.30	>785	>880	>17
SNCM 431	0.27〜0.35	1.60〜2.00	0.60〜1.00	0.15〜0.30	>685	>830	>20
SNCM 439	0.36〜0.43	1.60〜2.00	0.60〜1.00	0.15〜0.30	>885	>980	>16
SNCM 447	0.44〜0.50	1.60〜2.00	0.60〜1.00	0.15〜0.30	>930	>1030	>14
SNCM 625	0.20〜0.30	3.00〜3.50	1.00〜1.50	0.15〜0.30	>835	>930	>18
SNCM 630	0.25〜0.35	2.50〜3.50	2.50〜3.50	0.50〜0.70	>885	>1080	>15

表 3.4　ねずみ鋳鉄品（JIS G 5501 抜粋）*

記号	引張強さ N/mm²	抗折性		硬さ HB
		最大荷重 N	たわみ mm	
FC 100	>100	>7000	>3.5	<201
FC 150	>150	>8000	>4.0	<212
FC 200	>200	>9000	>4.5	<223
FC 250	>250	>10000	>5.0	<241
FC 300	>300	>11000	>5.5	<262
FC 350	>350	>12000	>5.5	<277

*供試材の鋳放し直径 30 mm

表 3.5 球状黒鉛鋳鉄品（JIS G 5502 抜粋）

記号	引張強さ N/mm²	耐力 N/mm²	伸び %	硬さ HB
FCD 370	＞370	＞230	＞17	＜179
FCD 400	＞400	＞250	＞12	＜201
FCD 450	＞450	＞280	＞10	143～217
FCD 500	＞500	＞320	＞7	170～241
FCD 600	＞600	＞370	＞3	192～269
FCD 700	＞700	＞420	＞2	229～302
FCD 800	＞800	＞480	＞2	248～352

表 3.6 オーステンパ球状黒鉛鋳鉄品（JIS G 5503 抜粋）

記号	引張強さ N/mm²	耐力 N/mm²	伸び %	硬さ HB
FCD 900 A	＞900	＞600	＞8	—
FCD 1000 A	＞1000	＞700	＞5	—
FCD 1200 A	＞1200	＞900	＞2	＞340

ら1200 MPaまで幅広い材種が規定されている．第6章でもふれるが，これらの強度は黒鉛形状および基地組織の違いから生じている．

C．ステンレス鋼（stainless steel）

一般的に炭素鋼や鋳鉄はさびやすいため，鋼にCrを加えて材料表面にCr酸化膜を作り，耐食性を著しく向上させたFe-Cr系合金が用いられている．特に，12% Cr以上のものをステンレス鋼とよんでいる．ステンレス鋼はこのCr系と，さらに耐食性，加工性などを向上させるためにNiを添加したCr-Ni系に大別されている．また，基地組織の違いによりCr系ステンレス鋼のフェライト系およびマルテンサイト系，Cr-Ni系ステンレス鋼のオーステナイト系とに分けられる．その他，二相系および析出硬化系ステンレス鋼などがある．このように，ステンレス鋼の組織は主にCrとNiにより決まり，その他添加されているMo, Si, NbをCr当量に，C, N, Mn, CuをNi当量に換算して組織変化

第3章　種々の工業材料

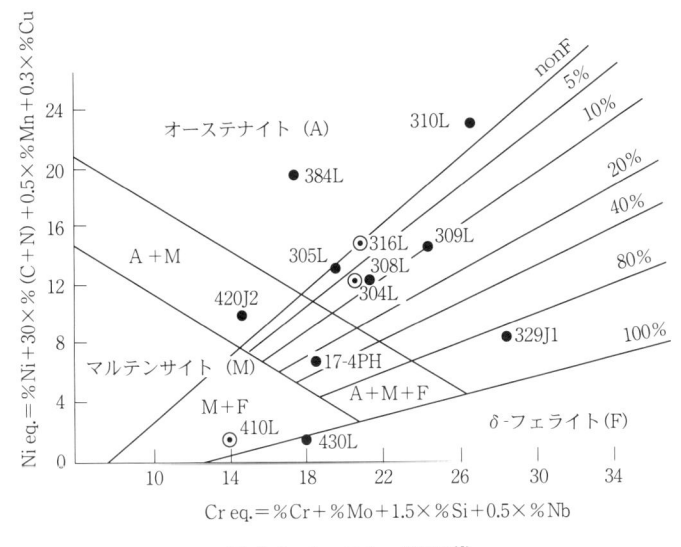

図 3.1　シェフラー状態図[10]

を表した図 3.1 に示すシェフラー状態図 (Schaeffler diagram) がよく利用される．これを利用することにより，化学成分から組織を予測できる．表 3.7 に代表的なステンレス鋼の機械的性質を示す．

(a) フェライト系ステンレス鋼

フェライト系ステンレス鋼の代表は 17% Cr 系の SUS 430 である．この系は耐食性，加工性に優れ，オーステナイト系ステンレス鋼で問題となる応力腐食割れ[*1] (stress corrosion cracking) を発生しにくいという特徴を持っている．

(b) マルテンサイト系ステンレス鋼

マルテンサイト系ステンレス鋼の代表は 13% Cr 系の SUS 403 と 17% Cr 系の 440 系で，炭素量を高くして焼入れ・焼戻しの熱処理を施し，マルテンサイト組織としたものである．このため，強度，耐摩耗性には優れるが，耐食性は他の系のものよりも劣る．刃物，ゲージ類，ベアリングなどに用いられる．

(c) オーステナイト系ステンレス鋼

オーステナイト系ステンレス鋼の代表は 18% Cr-8% Ni 系の SUS 304 (18-8

---

*1 応力腐食割れ：詳細は第7章 p.123 を参照．

表 3.7 ステンレス鋼 (JIS G 4303 抜粋)

記号	化学成分 (%)				機械的性質			
	C	Ni	Cr	その他	熱処理	降伏点 N/mm²	引張強さ N/mm²	伸び %
SUS 430	<0.12	—	16.00~18.00	—	焼なまし	>205	>450	>22
SUS 403	<0.15	—	11.50~13.00	—	焼入焼戻し	>390	>590	>25
SUS 420 J 2	0.26~0.40	—	12.00~14.00	—	焼入焼戻し	>540	>740	>12
SUS 440 C*	0.95~1.20	—	16.00~18.00	—	焼入焼戻し	—	—	—
SUS 304	<0.08	8.00~10.50	18.00~20.00	—	固溶化熱処理	>205	>520	>40
SUS 316	<0.08	10.00~14.00	16.00~18.00	Mo 2.00~3.00	固溶化熱処理	>205	>520	>40
SUS 329 J 1	<0.08	3.00~6.00	23.00~28.00	Mo 1.00~3.00	固溶化熱処理	>390	>590	>18
SUS 630	<0.07	3.00~5.00	15.00~17.50	Cu 3.00~5.00 Nb 0.15~0.45	析出硬化熱処理 (H 900)	>1175	>1310	>10
SUS 631	<0.09	6.50~7.75	16.00~18.00	Al 0.75~1.50	析出硬化熱処理 (TH 1050)	>960	>1140	>5

*硬さ HRC 58 以上

ステンレス鋼）で，炭素量を低く抑えかつ Ni を添加しているため酸化性および非酸化性（硫酸，塩酸など）の酸にも強く，加工性にも優れているため幅広い分野で使用されている．しかし，溶接した場合，粒界割れを起こすウェルド・ディケイ（weld decay）や，内部応力の存在する状態で塩化物を含む溶液やアルカリ溶液中で使用すると局部き裂を生じて破壊に至る応力腐食割れを起こすため，使用環境条件に注意する必要がある．耐粒界腐食性，耐孔食性を向上させた SUS 316 なども用いられる．

第3章　種々の工業材料

(d)　析出硬化系および二相ステンレス鋼

析出硬化系ステンレス鋼には，17-4 PH とよばれる SUS 630 と 17-7 PH とよばれる SUS 631 がある．PH は析出硬化 (precipitation hardening) を意味する．このステンレス鋼は固溶化熱処理によりマルテンサイト組織となるが，炭素量が低いため加工は容易である．析出硬化処理により，17-4 PH では Cu を主体とした金属間化合物を，17-7 PH では Ni_3Al を微細に析出して強化するステンレス鋼である．ステンレス鋼の中では最も強度が高く，17-4 PH では引張り強さ 1400 MPa 程度まで強化できるため，耐食性と耐摩耗性，高強度を必要とする部分に用いられている．17-7 PH は高強度ばね，ジェットエンジン部品などに用いられている．

二相ステンレス鋼はオーステナイト相とフェライト相の二相からなるオーステナイト・フェライト系の SUS 329 J 1 で，粒界腐食，応力腐食割れなどに強いステンレス鋼で，ポンプ部品，化学装置部品などに用いられている．

D．快削鋼 (free cutting steel)

快削鋼は，鋼に S や Pb を添加して MnS や Pb を微細に分散させることにより，切削抵抗を下げて工具寿命を向上させるとともに，切屑を細かくするなど切削性を向上させた材料である．このため，加工の自動化・無人化に重要な役割を果たしている．この材料の代表は，JIS 規格にも規定されている硫黄および硫黄複合快削鋼鋼材 SUM (steel use machinability) 材である．これには，鋼に S と Mn を多く添加して MnS を組織中に均一に分散させた硫黄快削鋼，Pb を添加して，これを均一分散させた鉛快削鋼がある．鉛快削鋼は，強度の低下が小さいために，自動車用構造部品に広く用いられている．しかし，最近では環境問題のため，鉛快削鋼の利用は減少しており，これに代わって，Mg と Ca の硫化物を析出させたり，Bi を添加した高強度快削鋼が開発され，クランクシャフト，コネクティングロッドなどの自動車用部品，電気製品，OA 機器などの部品に利用されている．

E．耐熱鋼 (heat-resisting steel)

耐熱鋼とは，高温における各種環境下で長時間使用可能な合金鋼をいい，耐

酸化性，高温クリープ特性が重要な因子となる．この合金では，耐酸化性を向上させるために Cr のほか Al, Si を，高温クリープ特性を向上させるために Mo, W, V などが添加されている．耐熱鋼はステンレス鋼と同様にその組織によりオーステナイト系，フェライト系およびマルテンサイト系に分類されており，SUH（steel use heat-resisting）材として JIS 規格に規定されている．オーステナイト系では，SUH 310（25 Cr-20 Ni），V, Ti, Al などを添加した析出硬化型の SUH 660 が 700°C までの使用条件でタービンロータ，シャフトなどに用いられている．また，高温クリープ特性を必要とする蒸気タービンやガスタービンのブレード，ディスクなどにはマルテンサイト系 SUS 616（12 Cr-1 Ni-1 Mo-1 W-0.25 C）が用いられている．

3.2　非鉄金属材料の種類とその特性

A．銅とその合金

銅（copper）は電気伝導率や熱伝導率が高く，加工性がよいため，線，棒，管，板などに加工され，電気，建築，化学工業など幅広い分野で用いられている．

銅は鉄のように変態点を持たないため，変態を利用した材質改善が難しい．しかし，銅は広い成分範囲で固溶体をつくる元素が多いため，合金元素の添加による固溶硬化を利用してその性質を改善できる．銅合金の代表は黄銅（brass）と青銅（bronze）である．

（a）黄銅（brass）

黄銅は真鍮（しんちゅう）ともよばれ，Cu-Zn 合金である．図 3.2 にその平衡状態図の一部を示す．この合金でよく用いられるのは Zn を約 30% 含む α 相の七三黄銅と 40% 含む（$\alpha+\beta'$）相の六四黄銅である．図 3.3 に Zn 量に対する機械的性質の変化を示す．Zn 量の増加にともない引張り強さ・硬さは増加するが，β' 相が出現する約 40% Zn では引張り強さおよび硬さは急激に増加する．このような機械的性質のため，七三黄銅は冷間加工が容易で，深絞りが可能であるのに対し，六四黄銅は強度・硬さがあるため，熱間で加工される．また，黄銅は鋳造性にも優れ，黄銅鋳物 YBsC（yellow brass castings）としても多

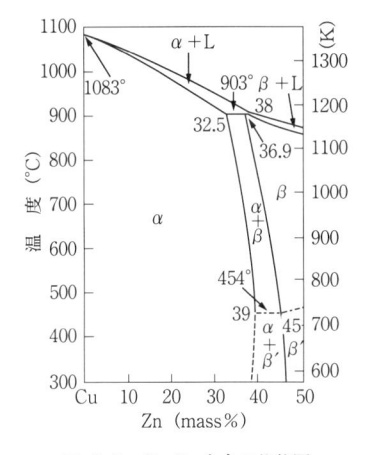

図 3.2 Cu-Zn 合金の状態図

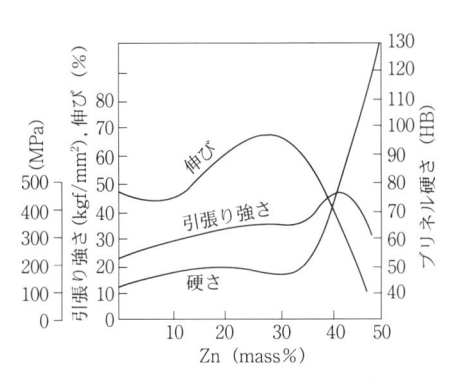

図 3.3 Cu-Zn 合金の機械的性質[5]

く用いられる．

(b) 青銅 (bronze)

青銅は Cu-Sn 合金で，鋳造性がよいため青銅鋳物 BC (bronze castings) として用いられる．図 3.4 に Cu-Sn 合金の一部を示す．約 15% Sn で硬くて脆い δ 相が出現するため，引張り強さが急激に低下し，硬さが増加する．通常は表 3.8 に示すように Zn，Pb なども添加されている．

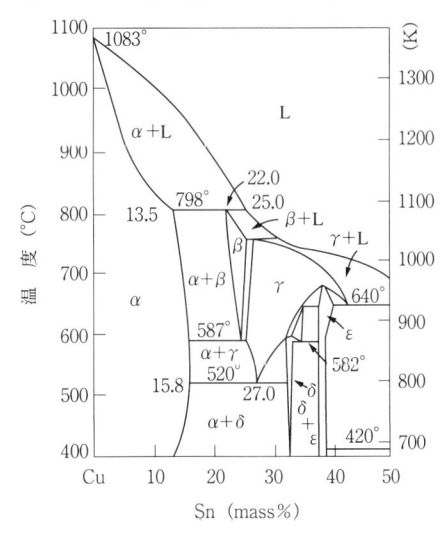

図 3.4 Cu-Sn 合金の状態図

表 3.8 青銅鋳物（JIS H 5111 抜粋）

記号	化学成分（%）				機械的性質		用途例
	Cu	Sn	Zn	Pb	引張強さ N/mm²	伸び %	
BC 1	79.0～83.0	2.0～4.0	8.0～12.0	3.0～7.0	>165	>15	給排水用金具, 建築用金具など
BC 2	86.0～90.0	7.0～9.0	3.0～5.0	<1.0	>245	>20	軸受, スリーブ, ポンプ, 弁, 電動機用部品など
BC 3	86.5～89.5	9.0～11.0	1.0～3.0	<1.0	>245	>15	
BC 6	82.0～87.0	4.0～6.0	4.0～6.0	4.0～6.0	>195	>15	弁, コック, 機械部品など
BC 7	86.0～90.0	5.0～7.0	3.0～5.0	1.0～3.0	>215	>18	軸受, 弁, 小型ポンプ部品など

一般に，青銅は耐食性，耐摩耗性に優れるので，弁，コック，歯車などに用いられる．

その他，Pを添加して耐摩耗性を向上させたリン青銅鋳物 PBC (phosphor bronze castings) などがある．

B. アルミニウムとその合金

アルミニウム (aluminum) は密度 $2.7 \mathrm{Mg/m^3}$ で，軽金属の代表である．また，電気・熱伝導性がよく，材料表面に硬くて緻密な Al_2O_3 皮膜をつくるため耐食性にも優れる．展伸性にも富むため，冷間加工が容易で板，箔，線材に加工されて利用されている．

アルミニウムは純金属のままでは，加工硬化により強度を向上できるが，構造用材料として利用するためには不十分である．このため，Cu, Mg, Zn などを添加して，熱処理による析出硬化 (§2.3 参照) を利用して高強度材料が製造されている．また，一層の耐食性，耐摩耗性などの機能を付加するために，Si, Cu, Mn などを添加して所望の特性を有するアルミニウム合金が製造されている．これらのアルミニウム合金は展伸材と鋳造材に大別され，さらにこれらは熱処理材と非熱処理材に分けられる．展伸材の JIS 記号は A××××□□ の 7

桁で表され，Aはアルミニウムとアルミニウム合金を意味し，Aの後ろの数字4桁のうち最初の数字が主要添加元素による合金系を示す．1：純Al，2：Al-Cu，3：Al-Mn，4：Al-Si，5：Al-Mg，6：Al-Mg-Si，7：Al-Znで表示される．数字の後は材料の形状記号で，P：板，B：棒，W：線などを示し，最後に加工や熱処理の状態を示す質別記号をつける．質別記号には，F（製造のまま），O（完全焼なまし），H（加工硬化）およびT（熱処理を行ったもの）がある．熱処理の場合には，Tの後に数字がつき，T4(溶体化処理後，常温時効)，T6(溶体化処理後，人工時効)などで示し，その処理状態を表す．

　表3.9にアルミニウム合金の板および条の規格を示す．展伸材のうち熱処理して用いられるのは，2000系，6000系および7000系で高強度材料として用いられる．その代表はA2017，A2024，A7075でそれぞれジュラルミン(duralumin)，超ジュラルミン，超々ジュラルミンとよばれ，航空機用，各種構造用として用いられる．非熱処理材は3000系および5000系で耐食性を重視したもので，食料缶から建築用，船舶・車両用まで幅広く利用されている．

　表3.10にアルミニウム合金鋳物の規格を示す．これらのうち，熱処理を施さないで用いられるのはAC3Aである．アルミニウム合金鋳物は軽量であるため，自動車部品を中心として航空機部品や電送品など幅広く利用されている．

表 3.9　アルミニウム合金の板および条（JIS H 4000 抜粋）

	記号	合金系	質別	機械的性質*			用途例
				耐力 N/mm^2	引張強さ N/mm^2	伸び %	
耐食合金	A 3003 A 3004	Al-Mn	O	>35 >60	95〜125 155〜195	>25 >18	建築・船舶用など 飲料缶，建築用パネルなど
	A 5052 A 5083	Al-Mg	O	>65 >125〜195	175〜215 275〜345	>19 >16	船舶・車両・建築用材など 船舶・車両用，圧力容器など
	A 6061	Al-Mg-Si	T 6	>245	>295	>10	船舶・車両・陸上構造物など
高力合金	A 2017 A 2024	Al-Cu-Mg	T 4	>195 >275	>355 >430	>17 >15	航空機・各種構造物など 航空機・各種構造物など
	A 7075	Al-Zn-Mg Cu	T 6	>470	>540	>8	航空機・各種構造物など

*いずれも厚さに依存

表 3.10 アルミニウム合金鋳物 (JIS H 5202 抜粋)

記号	合金系	相当合金名	引張強さ N/mm²			用途例
			F	T 4	T 6	
AC 1 A	Al-Cu		>155	>235	>255	架線用部品など
AC 2 A	Al-Cu-Si	ラウタル	>185	—	>275	マニホールド, シリンダヘッドなど
AC 3 A	Al-Si	シルミン	>175	—	—	ケース, カバー類
AC 4 B	Al-Si-Cu	含銅シルミン	>175	—	>245	クランクケース, シリンダヘッドなど
AC 5 A	Al-Cu-Ni-Mg	Y 合金	—	—	>295	空冷シリンダヘッド, ピストンなど
AC 7 B	Al-Mg	ヒドロナリウム	—	>295	—	航空機用部品など
AC 8 A	Al-Si-Cu-Ni-Mg	ローエックス	>175	—	>275	自動車用ピストンなど
AC 9 A	Al-Si-Cu-Ni-Mg		—	—	>195	ピストン

C. チタンとその合金

チタン (titanium) は密度 4.51 Mg/m³ で軽金属にもかかわらず, 引張り強さは 400~500 MPa で鋼に匹敵する強度を有している. このような比強度 (引張り強さ/密度) の高さとあわせて耐食性, 高温クリープ特性がよいため, 構造材料としてはきわめて優れた材料である.

チタン合金の代表は Ti-6 Al-4 V 合金で, 溶体化処理後の時効処理により引張り強さ 1200 MPa が得られる. この合金は加工性, 溶接性に優れるため, 航空機, 化学工業などの構造材, 自動車・船舶用部品などの鍛造部品として用いられている.

第3章 種々の工業材料　　55

D．ニッケルとその合金

　ニッケル（nickel）は，強磁性材料で機械的性質にも優れかつ加工性もよく，耐食性および耐熱性にきわめて優れた材料であるが，純金属のままで使用されることは少なく，Ni-Cr，Ni-Cu，Ni-Mo系などの合金として使用されることが多い．Ni-Cr系はニクロムの名でも知られるように電熱材料として広く利用されている．特にFeを添加することで耐熱鋼（§3.1E参照）より高温での使用が可能となり，インコネル（Inconel）の名でも知られる超耐熱合金（超合金（superalloy）ともよばれる）の代表でもある．この合金は，ジェットエンジンやガスタービンのブレード，ディスクとして用いられている．Ni-Cu系およびNi-Mo系はきわめて優れた耐食性を有し，それぞれモネルメタル（Monel metal）およびハステロイ（Hastelloy）として知られている．その他，Ni-Fe系は低熱膨張合金として，Ni-Ti系は形状記憶合金として利用されている．

3.3　工具材料

A．工具鋼

　切削加工，塑性加工，溶融加工などを行うためには，切削工具，金型などが必要で，これらの工具に要求される主な特性は常温および高温での硬さや耐摩耗性，強靭性などである．工具材料の中でも最もよく使われるのは工具鋼（tool steel）で，0.6～1.5％C程度の高炭素鋼をベースにしてCr，Mo，W，Vなどの炭化物生成元素を添加した鋼である．工具鋼は，炭素工具鋼，合金工具鋼および高速度工具鋼に分けられる．これらの代表的な材種を表3.11に示す．

（a）　炭素工具鋼（carbon tool steel）

　炭素工具鋼は0.6～1.5％Cの高炭素鋼で，SK（steel kogu）材としてJIS規格に規定されており，木工用，軟質金属加工用の工具材料として用いられている．

（b）　合金工具鋼（alloy tool steel）

　合金工具鋼は，高炭素鋼にCr，Mo，W，Vなどを添加して焼入れ性を向上させ，焼戻し軟化抵抗性を向上させるとともにWC，V_4C_3などの硬い炭化物を生成して耐摩耗性を大きく向上させた工具鋼である．これは，バイト，ドリル，タップなどの切削工具用と削岩機用ピストン，ヘッディングダイスなど耐衝撃

表 3.11 工具鋼 (JIS G 4401, 4403, 4404 抜粋)

記号	化学成分 (%)					焼入焼戻し硬さ HRC	用途例
	C	Cr	Mo	W	V		
SK 3	1.00~1.10	—	—	—	—	>63	ハクソー, たがね, ゲージなど
SK 5	0.80~0.90	—	—	—	—	>59	刻印, プレス型, 帯のこなど
SKS 2	1.00~1.10	0.50~1.00	—	1.00~1.50	—	>61	タップ, ドリル, カッタ, プレス型など
SKS 11	1.20~1.30	0.20~0.50	—	3.00~4.00	0.10~0.30	>62	バイト, 冷間引抜ダイス, センタドリルなど
SKS 43	1.00~1.10	—	—	—	0.10~0.25	>63	削岩機用ピストン, ヘッディングダイス
SKD 11	1.40~1.60	11.00~13.00	0.80~1.20	—	0.20~0.50	>58	ゲージ, ねじ転造ダイス, プレス型など
SKD 4	0.25~0.35	2.00~3.00	—	5.00~6.00	0.30~0.50	>50	プレス型, ダイカスト型, シャーブレードなど
SKT 4	0.50~0.60	0.70~1.00	0.20~0.50	—	—	—	鍛造型, プレス型, 押出工具
SKH 2	0.73~0.83	3.80~4.50	—	17.00~19.00	0.80~1.20	>63	一般切削用, その他各種工具
SKH 51	0.80~0.90	3.80~4.50	4.50~5.50	5.50~6.70	1.60~2.20	>63	靱性を必要とするその他各種工具

工具用, プレス型, ダイスなどの冷間金型用およびダイカスト型, 鍛造型などの熱間金型用に分けられる. 切削工具用・耐衝撃工具用としては SKS (steel kogu special) 材, 冷間金型用としては SKS 材のほか SKD (steel kogu die) 材, さらに熱間金型用としては SKD 材のほか SKT (steel kogu tanzo) 材が JIS 規格に規定されている.

（c）高速度工具鋼 (high speed tool steel)

高速度工具鋼は, 合金工具鋼より多量に炭化物生成元素である Mo, W, V を添加して, 高速切削時における刃先温度の上昇に対する焼戻し軟化抵抗性を著しく向上させた工具鋼である. これは W 系と Mo 系に大別され, バイト, ドリルなどの高速切削用として用いられており, 一般的にハイスとよばれることが

多い．JIS 規格では，SKH (steel kogu high speed) 材として規定されている．最近では，炭化物を微細かつ均一に分散させて長寿命化を図るために，粉末冶金法により製造されることが多く，これを粉末ハイスとよんでいる．

B．超硬合金およびその他の工具材料

工具鋼で高速重切削や難削材の切削を行うには限界がある．このため，高融点金属の炭化物で工具を作ればこの問題は解決される．この炭化物として炭化タングステン (WC)，炭化チタン (TiC) などが用いられる．これらは高融点のため，溶解してつくることができない．このため，粉末冶金法によりこれらの炭化物の粉末と結合材として Co, Ni などの粉末を焼き固めて(焼結という．第8章を参照)製造される．特に，WC-Co 系，WC-TiC-Co 系のものを**超硬合金** (cemented carbide alloy) という．図 3.5 に示すように，炭素工具鋼や高速度工具鋼に比べて格段の硬さを有している．これらは，一般にスローアウェイチップ，ダイスなどの工具として非常に多く利用されている．最近では，より一層の長寿命化を図るために**イオンプレーティング法**[*1] などにより表面に

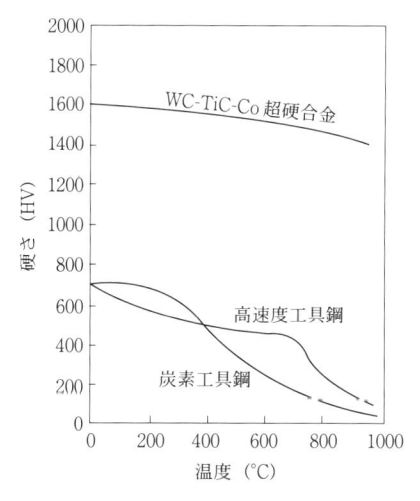

図 3.5　各種工具材料の高温硬さ

[*1] イオンプレーティング法：高電圧下で金属蒸気および反応ガスをプラズマ化し，正にイオン化した原子を負に印加した被処理材表面に蒸着させる方法．

TiN，TiC などをコーティングした工具も多い．

その他の工具材として，サーメット（cermet）とよばれる TiC-Ni-Mo 系，TiC-TiN-Ni-Mo 系のものがある．また，アルミナ（Al_2O_3）を主成分としたセラミック工具，ダイヤモンドにつぐ硬さを持つ cBN（cubic boron nitride）などがある．

3.4 非金属材料

A．プラスチックおよびプラスチック複合材料

プラスチックは大別すると熱可塑性プラスチック（thermoplastics）と熱硬化性プラスチック（thermoset）がある．熱可塑性プラスチックは加熱により軟化し流動性を示すもので，ポリエチレン（PE），ポリプロピレン（PP），ポリスチレン（PS），ポリ塩化ビニル（PVC），アクリル（PMMA）に代表される汎用プラスチックと，これらより強度と耐熱性に優れたナイロン（またはポリアミド〔PA〕），ポリアセタール（POM），ポリカーボネイト（PC），ポリエチレンテレフタレート（PET）などのエンジニアリングプラスチック[*1]（engineering

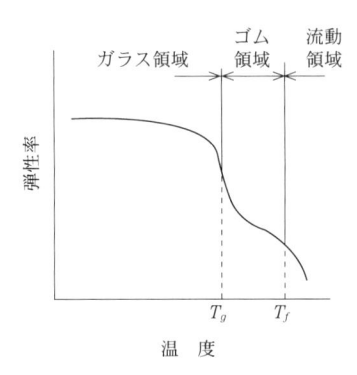

図 3.6 熱可塑性プラスチックの弾性率の温度依存性（模式図）

[*1] おおよその目安として 100℃ 以上の温度に耐えられ，ヤング率が 2 GPa 以上，引張り強さが 50 MPa 以上のものをエンプラとよんでおり，さらに機械的性質や耐熱性（150～360℃）に優れたものをスーパーエンプラ（ポリサルファン [PSF]，ポリエーテルエーテルケトン [PEEK]，ポリイミド [PI]，液晶性ポリマー [LCP] など）とよんでいる．

plastics：通称エンプラ）がある．これらの熱可塑性プラスチックは低温では剛性が高く強いガラス状態であるが，ガラス転移温度（glass transition temperature）T_g より上ではゴム状態となり，剛性および強度が低下し，さらに高温では粘弾性流動を生じる．図3.6は，熱可塑性プラスチックのヤング率が温度により変化する様子を模式的に示している．一方，熱硬化性プラスチックは常温では粘液状であり，これに架橋剤を加えて加熱することにより硬化するもので，硬化後は剛性および強度に優れ，構造用接着剤やFRP（Fiber Reinforced Plastics：繊維強化プラスチック）のマトリックス材料などに用いられる．主なものは，エポキシ（EX），フェノールホルムアルデヒド（PF），不飽和ポリエステル（UP），ポリウレタン（PUR）などがある．

B．セラミックス

構造用セラミックスとして用いられるのは，窒化けい素（Si_3N_4），炭化けい素（SiC），α-アルミナ（α-Al_2O_3），ジルコニア（ZrO_2）などである．窒化けい素は曲げ強さが高いため，炭化けい素は1500℃程度まで強度低下がないため，ディーゼルエンジン，ガスタービンなど耐熱性，耐食性を必要とする部品への実用化が図られている．アルミナは，耐摩耗性に優れるが，高温での強度低下が著

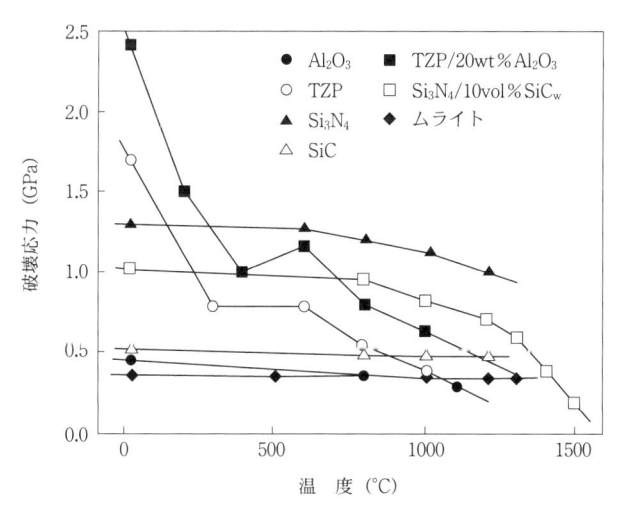

図 3.7　代表的なエンジニアリングセラミックスの曲げ強度の温度依存性[11]

しいため，粉砕機，成形機，化学工業用の部品，工具など比較的低温において耐摩耗性の必要な場合に利用される．ジルコニアはイットリア（Y_2O_3）などを少量添加した部分安定化ジルコニア（PSZ：partially stabilized zirconia）として利用される．これは1000～1500 MPaの高い曲げ強さを有しているため，高強度・高靭性の特性を生かして幅広い分野の耐摩耗性部品として利用されている．

種々のセラミックスの高温曲げ強度を図3.7に示すが，かなりの高温まで強度が低下しないことがわかる．ほとんどのセラミックスは融点（絶対温度 T_m）の1/2以下では脆性であるが，高温では塑性変形やクリープ変形が生じることがある．

[演習問題]

1. ネジ式ジャッキを設計・製作するように指示された．次の問に答えよ．
 （1） 本体，送りねじおよび先金にはどのような材料を使用するのか，材料のJIS記号とその機械的性質について示せ．
 （2） また，使用材料の機械的性質についても試験を行うように指示された．本体の材料には引張り試験と硬さ試験，送りねじの材料には引張り試験，硬さ試験および衝撃試験，さらには先金の材料には硬さ試験の指示があった．引張り試験に使用する試験片の種類をJIS記号で示せ．また，硬さ試験および衝撃試験の種類を示せ．
 （3） さらに，ジャッキ製作のためには加工が必要である．本体，送りねじおよび先金の穴あけ加工および切削加工に使用する工具の種類とその材質について示せ．

参 考 文 献

1) 日本機械学会編：新版機械工学便覧 B編（応用編）B4 材料学・工業材料（1994）
2) 日本規格協会編：JISハンドブック鉄鋼
3) 日本規格協会編：JISハンドブック非鉄

4) 須藤一：機械材料学（コロナ社，1993）
5) 田中政夫，朝倉健二：機械材料（第2版）（共立出版，1993）
6) 門間改三：大学基礎機械材料（改訂版）（実教出版，1994）
7) 村上陽太郎，亀井清：非鉄金属材料（朝倉書店，1991）
8) J. R. Davis 編：Metals Handbook 2nd ed.（ASM International, 1998）
9) T. B. Massalski 編：Binary Alloy Phase Diagram 2nd ed.（ASM, 1990）
10) ステンレス鋼協会編：ステンレス鋼便覧第3版（日刊工業新聞社，1995）
11) 佐久間健人：資源と素材，107，p. 841-846（1991）

4　材料加工の力学と伝熱学

> 　溶接における熱応力，残留応力の評価，塑性加工や切削加工における加工力の推定，塑性加工における変形の予測など材料加工学において力学解析は重要な位置を占めている．溶接・接合，鋳造，粉体成形，熱間塑性加工などの成形加工プロセスでは，熱エネルギーが使われる．加工プロセス条件の最適化にとっては，この熱エネルギーをいかに制御するかが重要であり，そのためには熱輸送（heat transfer）現象の理解が必要となる．本章では，材料加工に関連する固体力学および伝熱学の基礎について概説する．

4.1　3次元の応力とひずみ

A．応　力

　材料に外力が加えられると，図 4.1(a) に示すように，この材料内部の微小（立方体）要素の各面には力が作用する．このときの単位面積あたりの力を**応力**（stress）とよぶ．応力には面に垂直に作用する**垂直応力**（normal stress）と面に対し平行な方向に作用する**せん断応力**（shear stress）がある．応力の成分は，σ_{xx}, σ_{yy}, σ_{xy}（または τ_{xy}）などのように表記される．これは，"どの面に"，"ど

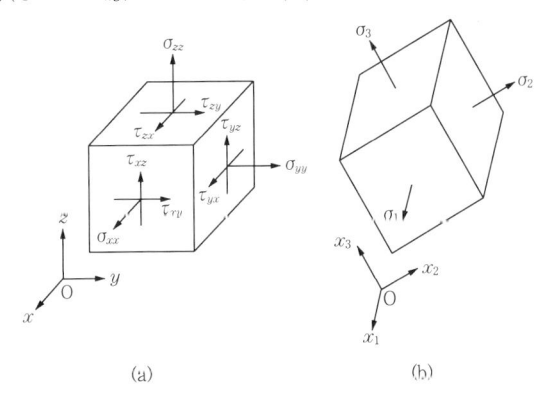

図 4.1　(a) 応力の成分と (b) 主応力

の方向の"単位面積あたりの力が作用しているかを表すもので,添字(index) x, y, z は次のような意味である.

$$\sigma_{ij}, \quad i=面の方向, \quad j=力の作用方向$$

例えば,σ_{xx} は x 軸に垂直な面に x 軸方向に作用する単位面積あたりの力(垂直応力)であり,σ_{xy} は x 軸に垂直な面に y 軸方向に作用する単位面積あたりの力(せん断応力)である.せん断応力 σ_{xy} は慣用で τ_{xy} のように書かれることが多いので,本書でもこれに習うことにする.

微小要素に作用するモーメントの釣り合いより $\tau_{ij}=\tau_{ji}(i,j=x,y,z)$ であるので,材料中のある点における3次元応力状態は6個の成分(σ_{xx}, σ_{yy}, σ_{zz}, τ_{xy}, τ_{yz}, τ_{zx})のみが独立な値を持つことになる.

ところで,どんな応力状態でもある直交3方向(x_1, x_2, x_3)にはせん断応力が作用しない(垂直応力のみが作用する)状態が存在する(図4.1(b)参照).その x_1, x_2, x_3 方向の垂直応力 σ_1, σ_2, σ_3 は**主応力**(principal stress)とよばれる.主応力のうち1つのみがゼロでない値を持つとき,この応力状態を**単軸応力状態**(uniaxial stress state),その他の一般の応力状態を**多軸応力状態**(multiaxial stress state)とよぶことがある.なお,垂直応力成分の算術平均 $\sigma_m=(\sigma_{xx}+\sigma_{yy}+\sigma_{zz})/3=(\sigma_1+\sigma_2+\sigma_3)/3$ は**平均応力**(mean stress),$p=-\sigma_m$ は**静水圧力**(hydrostatic pressure)とよばれる.

B. ひずみ

ひずみ(strain)は材料の変形の尺度であり,図4.2に示すような,**垂直ひずみ**(normal strain)と**せん断ひずみ**(shear strain)がある.図4.2(a)は未変形状態の物体中に x, y 軸方向の微小線素 AB,AC を描いたものである.例えば,この物体に引張りを加えたとすると,図4.2(b)に示すように,線素 AB は伸びて A'B' ($\overline{\mathrm{A'B'}}>\overline{\mathrm{AB}}$),線素 AC は縮んで A'C' ($\overline{\mathrm{A'C'}}<\overline{\mathrm{AC}}$)のようになる.このときに x, y 方向のひずみ ε_{xx}, ε_{yy} は,線素の単位長さあたりの伸びあるいは縮みとして次のように定義される[*1].

$$\varepsilon_{xx}=(\overline{\mathrm{A'B'}}-\overline{\mathrm{AB}})/\overline{\mathrm{AB}}, \quad \varepsilon_{yy}=(\overline{\mathrm{A'C'}}-\overline{\mathrm{AC}})/\overline{\mathrm{AC}} \quad (4.1)$$

[*1] 大きな変形を考えたときには,式(1.1)で定義された真ひずみ(対数ひずみ)の考え方を用いて $\varepsilon_{xx}=\ln(\overline{\mathrm{A'B'}}/\overline{\mathrm{AB}})$, $\varepsilon_{yy}=\ln(\overline{\mathrm{A'C'}}/\overline{\mathrm{AC}})$ と定義されることもある.

第4章 材料加工の力学と伝熱学

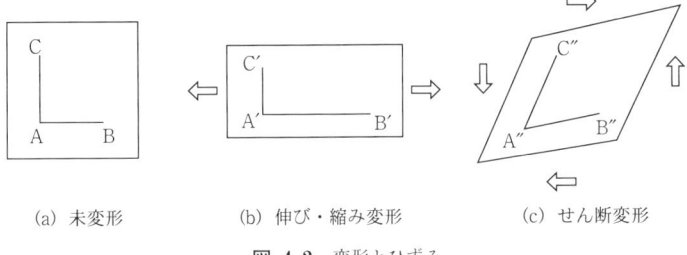

(a) 未変形　　　(b) 伸び・縮み変形　　　(c) せん断変形

図 4.2　変形とひずみ

今度はこの物体に，図 4.2(c) に示すように，せん断力を加えたとする．このとき，互いに直交していた線素 AB, AC のなす角（∠CAB＝$\pi/2$）は変形により角度が変化する（∠CAB＞∠C″A″B″）．このときの x, y 方向のせん断ひずみ γ_{xy} はこの x-y 平面内での線素の角度変化として次のように定義される．

$$\gamma_{xy} = \angle CAB - \angle C''A''B'' \tag{4.2}$$

さらに z 方向も考えると，3 次元の独立なひずみ成分は（$\varepsilon_{xx}, \varepsilon_{yy}, \varepsilon_{zz}, \gamma_{xy}, \gamma_{yz}, \gamma_{zx}$）の6個となる．なお，ある直交3方向（$x_1, x_2, x_3$）には垂直ひずみのみしか存在しない方向があり，これらの方向の垂直ひずみ $\varepsilon_1, \varepsilon_2, \varepsilon_3$ は**主ひずみ**（principal strain）とよばれる．垂直ひずみ成分の和 $\varepsilon_m = \varepsilon_{xx} + \varepsilon_{yy} + \varepsilon_{zz} = \varepsilon_1 + \varepsilon_2 + \varepsilon_3$ は**体積ひずみ**（volumetric strain）とよばれ，変形による材料の体積変化を表す．

4.2　弾塑性体の応力-ひずみ関係

A. 弾塑性変形における応力-ひずみ曲線とそのモデル化

§1.1 ですでに述べたように，弾塑性変形における全ひずみ ε は弾性ひずみ ε^e と塑性ひずみ ε^p の和として表される．

$$\varepsilon = \varepsilon^e + \varepsilon^p \tag{4.3}$$

弾性変形における応力-ひずみ応答はフックの法則（$\varepsilon^e = \sigma/E$）により表される．材料の塑性的性質は，応力-塑性ひずみ曲線の形そのもので表される．材料の加工硬化特性を表す数式モデルは，流動（真）応力 σ を（真）塑性ひずみ ε^p の関数 $\sigma = g(\varepsilon^p)$ で与えればよい．図 4.3(a)・(c) にいくつかの代表的な応力-塑性ひずみ曲線のモデルを示す．多くの金属材料では応力（σ）と塑性ひずみ

図 4.3 (a) 非線形硬化塑性体: $\sigma = Y + K(\varepsilon^p)^q$, $\sigma = C(\varepsilon^p)^n$, 実験値
(b) 線形硬化塑性体: $\sigma = Y + H'\varepsilon^p$
(c) 完全塑性体: $\sigma = \overline{Y}$, 平均変形抵抗

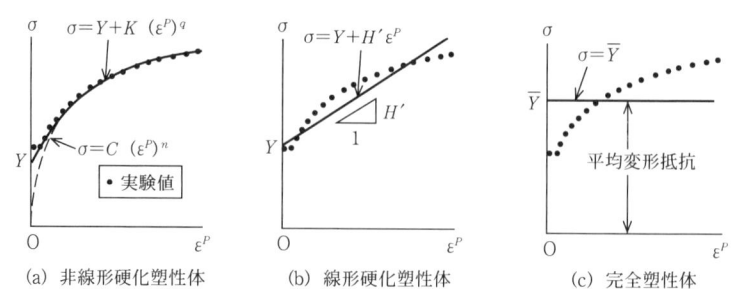

図 4.3 代表的な応力-塑性ひずみ曲線のモデル

(ε^p) の関係式が次式で表されることが多い．

$$\sigma = C(\varepsilon^p)^n \quad C, n : 材料定数 \tag{4.4}$$

このときの指数 n は**加工硬化指数**（workhardening exponent）または n 値（n-value）とよばれ，材料の加工硬化の大きさの指標（n 値が大きいほど大きな加工硬化特性を示す）となっている[*1]．加工硬化が無いとして近似したものは**完全塑性体**[*2]（perfectly plastic body）とよばれる〔図 4.3(c)〕．

応力-ひずみ関係を表すモデルで弾性変形と塑性変形の双方を考慮したモデルは**弾塑性体**（elastic-plastic body）とよばれるが，金属材料の弾性ひずみの大きさは 10^{-3} のオーダなので，10^{-1} オーダ以上の大きな塑性変形を扱う場合には弾性応力-ひずみ応答を無視する場合があり，このように近似された物体は**剛塑性体**（rigid-plastic body）とよばれる．

[単軸引張りにおけるくびれの発生条件]

§1.1 で，単軸引張りにおけるくびれの発生は最大荷重点で生じることを述べた．荷重 P が作用しているときの試験片の断面積を A，真応力を σ とすると，最大荷重条件（$dP=0$）は次式で与えられる．

$$P = \sigma A, \quad \therefore \quad dP = \sigma dA + A d\sigma = 0 \tag{4.5}$$

試験片の長さを l とすると，塑性体積一定条件より真ひずみ増分 $d\varepsilon$ は

$$d(Al) = l dA + A dl = 0, \quad \therefore \quad d\varepsilon = dl/l = -dA/A \tag{4.6}$$

[*1] 焼鈍材の n 値は，軟鋼：0.20〜0.28，18-8 ステンレス鋼：0.45〜0.60，銅：0.35〜0.45，アルミニウム：0.25〜0.35，加工硬化材の n 値は焼鈍材よりもかなり小さい．

[*2] 熱間加工では，第 2 章の図 2.19 に示すように，加工硬化が小さく完全塑性体近似できる場合も多い．冷間加工では一般には加工硬化が無視できないが，解析を簡単にするため，図 4.3(c) に模式的に示すように材料の平均変形抵抗（mean deformation resistance）$\overline{Y}$ を用いて近似する．

となる．式 (4.6) を式 (4.5) に代入すると，最大荷重条件 (均一伸び限界) は次式で与えられる．

$$d\sigma/d\varepsilon = \sigma \tag{4.7}$$

式 (4.7) より，応力とひずみの関係が式 (4.4) で与えられる剛塑性体について考えると，くびれ発生までの真ひずみ (均一伸びひずみ) は n 値に等しい ($\varepsilon = n$) ことがわかる．

B. 等方性弾性体の応力-ひずみ関係

等方性弾性体の3次元応力状態における応力-ひずみ関係式 (stress-strain relation, 構成式 (constitutive equation) ともいう) は次のようなフックの法則 (Hooke's law) で表される．

$$\begin{aligned}
\varepsilon_{xx} &= \frac{1}{E}\{\sigma_{xx} - \nu(\sigma_{yy} + \sigma_{zz})\}, \\
\varepsilon_{yy} &= \frac{1}{E}\{\sigma_{yy} - \nu(\sigma_{zz} + \sigma_{xx})\}, \\
\varepsilon_{zz} &= \frac{1}{E}\{\sigma_{zz} - \nu(\sigma_{xx} + \sigma_{yy})\}, \\
\gamma_{xy} &= \frac{\tau_{xy}}{G}, \quad \gamma_{yz} = \frac{\tau_{yz}}{G}, \quad \gamma_{zx} = \frac{\tau_{zx}}{G}
\end{aligned} \tag{4.8}$$

ここで，E, G, ν はそれぞれヤング率 (Young's modulus, または縦弾性係数)，せん断弾性係数 (shear modulus of elsticity, または横弾性係数) およびポアッソン比 (Poisson's ratio) である．なお，せん断弾性係数 G はヤング率 E とポアッソン比 ν の関数として，$G = E/2(1+\nu)$ のように与えられる．

C. 多軸応力状態における金属材料の降伏条件

金属材料の降伏開始条件 (一般には降伏条件 (yield criterion) とよばれる) は材料に作用する応力状態 (σ_{xx}, σ_{yy}, σ_{zz}, τ_{xy}, τ_{yz}, τ_{zx}) によって記述される．その代表的なものとしては以下に示すミーゼス (von Mises) の条件とトレスカ (Tresca) の条件がある．

【ミーゼスの条件】 材料の引張り試験から得られる降伏応力を Y，単純せん断における降伏応力 (せん断降伏応力) を k とおくと，次式を満足する応力状

態のときに降伏が開始する．

$$\bar{\sigma}=\sqrt{\frac{1}{2}\{(\sigma_{xx}-\sigma_{yy})^2+(\sigma_{yy}-\sigma_{zz})^2+(\sigma_{zz}-\sigma_{xx})^2\}+3(\tau_{xy}{}^2+\tau_{yz}{}^2+\tau_{zx}{}^2)}$$
$$=Y=\sqrt{3}\,k \tag{4.9}$$

【トレスカの条件】 材料に作用する最大せん断応力 τ_{max} がせん断降伏応力 k に到達したときに降伏が開始するとしたもので，その条件は次式で与えられる．これは**最大せん断応力説**（maximum shear stress criterion）ともよばれる．

$$\tau_{max}=\frac{1}{2}(\sigma_{max}-\sigma_{min})=\frac{Y}{2}=k \tag{4.10}$$

σ_{max}, σ_{min} はそれぞれ材料に作用する最大，最小主応力である．

ミーゼスおよびトレスカのいずれの降伏条件も「等方的な応力（または静水圧力）作用（$\sigma_{xx}=\sigma_{yy}=\sigma_{zz}$）によっては降伏は生じない[*1]」という重要な実験事実を表現している．図 4.4 は，二方向に引張り（圧縮）応力（σ_{xx} と σ_{yy}）が作用したときの降伏条件をいくつかの金属材料についての実験結果とともに応力平面（σ_{xx}, σ_{yy}）に描いたものである．このように応力平面（空間）に降伏条件を描いたものは**降伏曲面**（yield locus (or yield surface)）とよばれる．この図より，ほとんどの金属材料の降伏はミーゼスとトレスカの条件で表される応

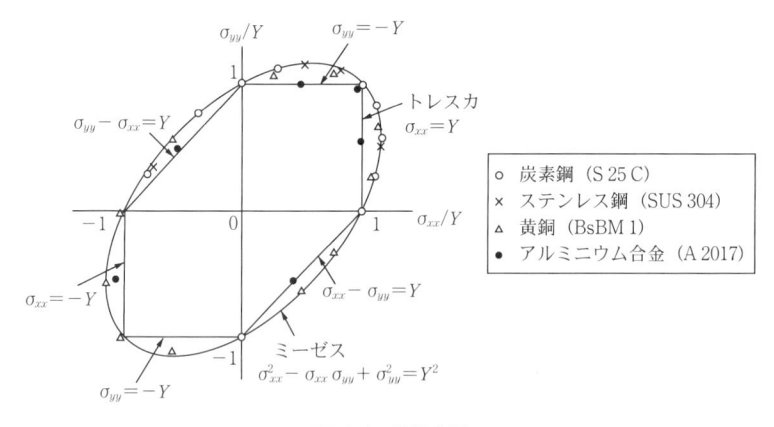

図 4.4 降伏曲面

---

*1 結晶体の降伏は分解せん断応力が臨界分解せん断応力に到達したときに生じるが（§1.2 参照），等方的な応力作用ではせん断応力が生じないので降伏が起こらない．

力状態(あるいは両者の中間の応力状態)で生じていることがわかる.

D. 相当応力-相当塑性ひずみ関係(多軸応力状態における加工硬化)

ミーゼスの降伏条件式(4.9)は,応力成分(σ_{ij})のスカラー関数$\bar{\sigma}(\sigma_{ij})$が単軸引張り降伏応力$Y$に到達したときに降伏が開始するとしたもので,このスカラー関数$\bar{\sigma}(\sigma_{ij})$は(多軸応力における応力レベルを単軸応力の値に換算するという意味合いをこめて)**相当応力**(effective (or equivalent) stress)という.材料が塑性変形により加工硬化した場合の応力の大きさもこの相当応力で表される.加工硬化を支配する塑性ひずみの大きさは次式で表される**相当塑性ひずみ**(effective (or equivalent) plastic strain)$\bar{\varepsilon}$が用いられる.

$$d\bar{\varepsilon}=\sqrt{\frac{2}{3}\{(d\varepsilon_{xx}^{p})^2+(d\varepsilon_{yy}^{p})^2+(d\varepsilon_{zz}^{p})^2\}+\frac{1}{3}\{(d\gamma_{xy}^{p})^2+(d\gamma_{yz}^{p})^2+(d\gamma_{zx}^{p})^2\}}$$

$$\bar{\varepsilon}=\int d\bar{\varepsilon} \qquad (4.11)$$

材料の相当応力$\bar{\sigma}$は,応力状態によらず相当塑性ひずみ$\bar{\varepsilon}$の一義的関数〔$\bar{\sigma}=\bar{\sigma}(\bar{\varepsilon})$〕となる.したがって,単軸引張り試験から応力($\sigma$)-塑性ひずみ($\varepsilon^p$)関係を求めておけば,これがこの材料の相当応力($\bar{\sigma}=\sigma$)-相当塑性ひずみ($\bar{\varepsilon}=\varepsilon^p$)関係となる.

〔**塑性仕事**〕 図4.5に示すような剛塑性体の棒(長さl,横断面積A)の一端を剛体壁に固定し他端に荷重Pを作用させることにより,この棒がdlだけ伸びた状態を考える.このときに外力(荷重P)のなした仕事(増分)は

$$Pdl=\frac{P}{A}\frac{dl}{l}Al=V(\sigma d\varepsilon^p)=Vdw^p, \qquad V=Al=棒の体積 \quad (4.12)$$

となるので,$dw^p=\sigma d\varepsilon^p$は塑性変形に必要な単位体積あたりの仕事増分であり,**塑性仕事増分**(plastic work increment)とよばれる.多軸応力状態にお

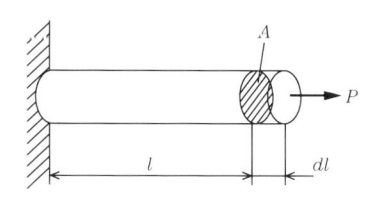

図 4.5 剛塑性体の棒の引張り

いてこれは次のようになる．

$$dw^p = \sigma_{xx}d\varepsilon^p_{xx} + \sigma_{yy}d\varepsilon^p_{yy} + \sigma_{zz}d\varepsilon^p_{zz} + \tau_{xy}d\gamma^p_{xy} + \tau_{yz}d\gamma^p_{yz} + \tau_{zx}d\gamma^p_{zx}$$
(4.13)

E．塑性変形における応力-ひずみ関係

§1.2 A で述べたように，塑性変形は結晶面のすべりの結果として体積一定で生じるので，次式（塑性体積一定条件）が成り立つ．

$$\varepsilon^p_{xx} + \varepsilon^p_{yy} + \varepsilon^p_{zz} = 0$$
(4.14)

ひずみ増分理論（または流れ理論（flow theory of plasticity））によれば，塑性変形における 3 次元応力-ひずみ関係式（塑性構成式）は塑性ひずみ増分（plastic strain increment）$d\varepsilon^p_{ij}(i,j=x,y,z)$ と応力 σ_{ij} の関係として次のように与えられる（理論の詳細は塑性力学の教科書（例えば章末文献1））を参照されたい）．

$$d\varepsilon^p_{xx} = d\lambda\{\sigma_{xx} - \frac{1}{2}(\sigma_{yy}+\sigma_{zz})\}$$

$$d\varepsilon^p_{yy} = d\lambda\{\sigma_{yy} - \frac{1}{2}(\sigma_{zz}+\sigma_{xx})\}$$

$$d\varepsilon^p_{zz} = d\lambda\{\sigma_{zz} - \frac{1}{2}(\sigma_{xx}+\sigma_{yy})\}$$
(4.15)

$$d\gamma^p_{xy} = 3\tau_{xy}d\lambda, \quad d\gamma^p_{yz} = 3\tau_{yz}d\lambda, \quad d\gamma^p_{zx} = 3\tau_{zx}d\lambda, \quad d\lambda = \frac{d\bar{\varepsilon}}{\bar{\sigma}}$$

4.3　応力・ひずみ解析のための基礎式と解法

図 4.6 に模式的に示すように，固体（弾塑性体）に外力や強制変位（剛体パンチによる押込みなど）が作用したときの物体の変形（ひずみ）や応力を求めるためには次の基礎式（表 4.1 には 2 次元問題の場合の式が示されている）が用意されねばならない．

（1）応力の平衡方程式（または釣り合い式（equilibrium condition））：材料内の微小要素に作用する力に関する静力学的釣り合いを保証する．

（2）ひずみ-変位関係式（displacement-strain relation またはひずみの適

第4章 材料加工の力学と伝熱学

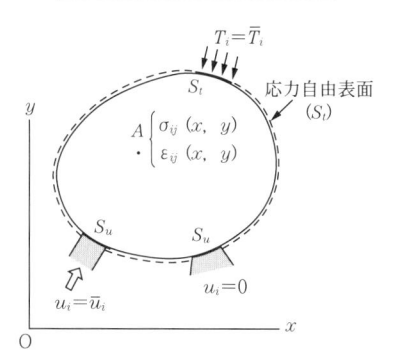

図 4.6 物体に外力（$\bar{T}_i$）や強制変位（$\bar{u}_i$）が生じたときの物体内の応力（σ_{ij}）とひずみ（ε_{ij}）．S_t は力の境界条件，S_u は変位の境界条件が与えられている物体表面を表す．

表 4.1 応力・ひずみ解析のための基礎式（2次元）

(1) 応力の平衡方程式

$$\frac{\partial \sigma_{xx}}{\partial x}+\frac{\partial \tau_{yx}}{\partial y}+F_x=0, \quad \frac{\partial \sigma_{yy}}{\partial y}+\frac{\partial \tau_{xy}}{\partial x}+F_y=0$$

F_x, F_y は物体力

(2) ひずみ-変位関係式（ひずみの適合条件式）

【ひずみ-変位関係式】

$$\varepsilon_{xx}=\frac{\partial u_x}{\partial x}, \quad \varepsilon_{yy}=\frac{\partial u_y}{\partial y}, \quad \gamma_{xy}=\frac{\partial u_x}{\partial y}+\frac{\partial u_y}{\partial x}$$

u_x, u_y は x, y 方向の変位

【適合条件式】

$$\frac{\partial^2 \varepsilon_{xx}}{\partial y^2}+\frac{\partial^2 \varepsilon_{yy}}{\partial x^2}=\frac{\partial^2 \gamma_{xy}}{\partial x \partial y}$$

(3) 応力-ひずみ関係式（構成式）
弾性変形では式 (4.8)，塑性変形では式 (4.15)

(4) 境界条件
【力の境界条件】　$S=S_t$ 上で $T_x=\bar{T}_x, \; T_y=\bar{T}_y$
【変位の境界条件】　$S=S_u$ 上で $u_x=\bar{u}_x, \; u_y=\bar{u}_y$

合条件式（compatibility condition））：変形後にも物体が連続体であることを保証する．

(3) 応力-ひずみ関係式 (stress-strain relationまたは構成式 (constitutive

equation))：弾性変形については式 (4.3)，塑性変形については式 (4.15) で表される．特に相当応力-相当塑性ひずみ関係〔$\bar{\sigma}=\bar{\sigma}(\bar{\varepsilon})$〕は材料の塑性特性そのものを表す．

（4）　境界条件（boundary condition）：加工される素材の形状，工具形状，力の与え方などの条件．

応力・ひずみ解析では，原理的にはこれらのすべての基礎式を満足する解を求めなければならない．現実的にはそのような解（正解）を求めることは難しく，有限要素法（Finite Element Method：FEM）に代表される高精度な近似解法が広く用いられている（§9.8 を参照）．

4.4　熱弾塑性問題の考え方

熱処理，溶接，熱間塑性加工，高速切削など熱が関与した材料加工は多い．このような加工の解析は熱弾塑性問題（thermo-mechanical problem）として取り扱われる．この場合のひずみ ε は弾性ひずみ ε^e，塑性ひずみ ε^p に加えて，温度変化による熱ひずみ（thermal strain）ε^t も考慮して次のように表される．

$$\varepsilon=\varepsilon^e+\varepsilon^p+\varepsilon^t, \quad \varepsilon^t=\alpha\varDelta T \tag{4.16}$$

ここで α は線膨張係数，$\varDelta T$ は基準温度からの温度変化を表す．さらに，§2.5 で述べたように，材料のヤング率（E）および線膨張係数（α）が温度（T）の関数となり，流動応力（σ）は温度（T），塑性ひずみ（ε^p）および塑性ひずみ速度（$\dot{\varepsilon}^p$）の関数として表される．

$$E=E(T), \quad \alpha=\alpha(T), \quad \sigma=\sigma(T,\varepsilon^p,\dot{\varepsilon}^p) \tag{4.17}$$

4.5　延性破壊のメカニズムとそのクライテリオン

図 4.7 は金属材料の延性破壊がどのように生じるかを模式的に示したものである．大きな塑性変形により，材料内部に分散した第二相粒子（析出物，酸化物や窒化物など）と母相の界面が剝離し微小なボイド（void，空孔）が材料内に発生する（図 4.7(a)）．このボイドが変形とともに成長し（図 4.7(b)），合体することによって延性破壊が生じる（図 4.7(c)）．材料に作用している静水圧力

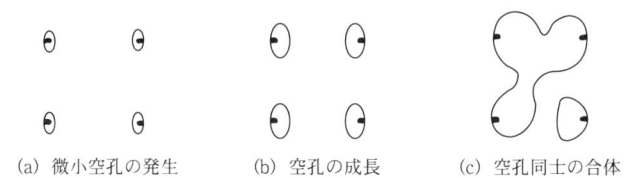

(a) 微小空孔の発生　　(b) 空孔の成長　　(c) 空孔同士の合体

図 4.7　延性破壊のメカニズム

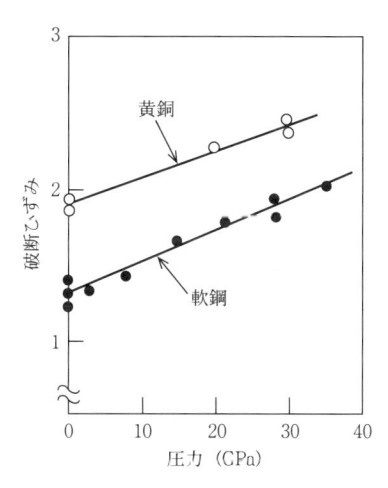

図 4.8　破断ひずみに及ぼす圧力の影響（大森）[5]

$[p=-(\sigma_{xx}+\sigma_{yy}+\sigma_{zz})/3]$ が大きくなると，ボイド成長が抑制されるため，延性が向上する．図 4.8 には一例として，軟鋼と黄銅について高圧力下での引張り試験を行った結果を示しているが，破断ひずみ[*1]が圧力とともに増加する様子がわかる．延性破壊の現象論的な条件式の例としては次のようなものがある．

$$\int_0^{\varepsilon_f} \left(1+A\frac{\sigma_m}{\bar{\sigma}}\right) d\bar{\varepsilon} = C \tag{4.18}*1$$

ここで，A, C は材料定数(正値)，ε_f は材料の破断ひずみである．この式では平均応力 ($\sigma_m=-p$) が大きいほど早く破断が起こることを示している．

[*1] 破断ひずみ (ε_f) は破断部の軸方向真ひずみ（対数ひずみ）として定義され，材料の体積一定を仮定すると，試験片の初期および破断時の断面積 (A_0, A_{min}) を用いて $\varepsilon_f = \ln(A_0/A_{min})$ のように表される．

4.6 熱伝導

　固体中の熱は，伝導（heat conduction），対流（heat convection），ふく射（heat radiation）によって伝達される．一般に機械材料や構造材料には熱伝導性の良い金属材料が用いられるため，熱に関わるさまざまな現象は熱伝導に依存する場合が多い．

　固体中，温度が場所により異なる場合，熱は高温部から低温部へと流れる．この現象を"熱伝導"とよび，ある断面を単位面積，単位時間あたり横切る熱量 q は式（4.19）で表されることが実験的に明らかにされている[2]．

$$q = -K\left[\frac{\partial T}{\partial x}, \frac{\partial T}{\partial y}, \frac{\partial T}{\partial z}\right] \tag{4.19}$$

ここで　T：温度（K），K：熱伝導率（J/m·s·K）

　すなわち，式（4.19）から伝熱量は温度勾配に比例することがわかる．また，熱伝導率 K（heat conductivity）は物質および温度に依存する．

　図 4.9 のように，物体内に直角座標をとり，これらの軸に平行な辺 dx, dy, dz を持つ微小六面体 ABCDEFGH を考え，これの中心の座標を (x_0, y_0, z_0) とする．各 x, y, z 軸方向の熱量の流入・流出を考慮すると，微小六面体で時間 dt の間に増加する熱量 dq_1 は各 x, y, z 軸方向の熱量変化の総和として式（4.20）で

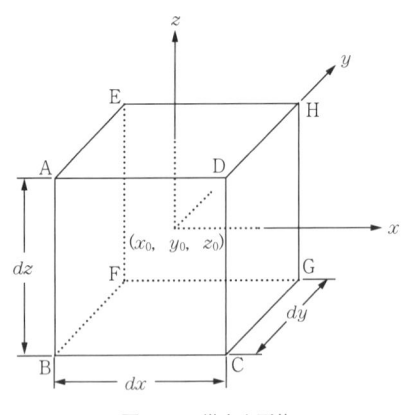

図 4.9　微小六面体

表せる.

$$dq_1 = dq_x + dq_y + dq_z$$
$$= \left[\frac{\partial}{\partial x}\left(K\frac{\partial T}{\partial x}\right) + \frac{\partial}{\partial y}\left(K\frac{\partial T}{\partial y}\right) + \frac{\partial}{\partial z}\left(K\frac{\partial T}{\partial z}\right)\right] dxdydzdt \quad (4.20)$$

微小六面体の内部に熱源があり,単位時間,単位体積あたりの発生熱量が Q であるとすれば,微小六面体の熱量 dq_2 は dt の間に

$$dq_2 = Qdxdydzdt \quad (4.21)$$

だけ増加する.ここで,dt の間に微小六面体の温度が $(\partial T/\partial t)dt$ だけ上昇するとすれば,この温度上昇に必要な熱量 dq_3 は式 (4.22) で与えられる.

$$dq_3 = c\rho dxdydz \left(\frac{\partial T}{\partial t}\right) dt \quad (4.22)$$

ここで c:比熱(kJ/kg・K),ρ:密度(kg/m³)

エネルギー保存の法則より

$$dq_3 = dq_1 + dq_2 \quad (4.23)$$

が成り立ち,式 (4.20),(4.21) および (4.22) より式 (4.24) のような偏微分方程式が得られる.この式を熱伝導の偏微分方程式という[3].

$$c\rho\frac{\partial T}{\partial t} = \left[\frac{\partial}{\partial x}\left(K\frac{\partial T}{\partial x}\right) + \frac{\partial}{\partial y}\left(K\frac{\partial T}{\partial y}\right) + \frac{\partial}{\partial z}\left(K\frac{\partial T}{\partial z}\right)\right] + Q \quad (4.24)$$

熱伝導率が固体内の場所によらず一定で,かつ内部発熱がないものとすれば,$Q=0$ より式 (4.24) は式 (4.25) のようになる.

$$\frac{\partial T}{\partial t} = k\left(\frac{\partial^2 T}{\partial x^2} + \frac{\partial^2 T}{\partial y^2} + \frac{\partial^2 T}{\partial z^2}\right) = k\nabla^2 T \quad (4.25)$$

ただし $k = \dfrac{K}{c\rho}$

ここで k:熱拡散率(thermal diffusivity)(m²/s)

式 (4.24) または (4.25) で導かれた熱伝導の偏微分方程式を適切な初期条件と境界条件のもとで解けば,物質中の熱伝導による温度変化を計算することができる.

鋼の熱伝導に関する定数を表 4.2 に示す[4].表からわかるように熱伝導率は,温度上昇にともない減少している.溶接・接合部では,場所および時間により温度が室温から溶融温度近傍まで変化するため,熱伝導率も同時に変化するこ

表 4.2 鋼の熱伝導率

温度：T [K]	熱伝導率：K [J/m·s·K]	比熱：c [kJ/kg·K]	密度：ρ [kg/m³]	熱拡散率：k $\times 10^{-6}$[m²/s]
373	67.8	0.477	7820	18.2
473	61.1	0.536	7790	14.6
573	55.7	0.586	7760	12.2
673	49.0	0.632	7720	10.0
773	43.9	0.682	7680	8.4
873	39.3	0.787	7650	6.5
973	34.7	0.963	7610	4.7
1073	30.1	0.879	7580	4.5

とになる．一般には，温度上昇に伴い熱伝導率はほぼ直線的に減少する金属が多いが，アルミニウムなどのように温度の上昇とともに熱伝導率が上昇する金属もある．

4.7 熱伝達

固体内の伝熱は前述したように熱伝導で行われるが，固体と液体，固体と気体との間の伝熱は熱伝導だけでなく対流，ふく射をともなう．そこで，熱伝導に対し熱伝達 (heat transfer) と名付けて区別されている．固体内の熱伝導の偏微分方程式を解く場合，境界条件として，固体と液体，固体と気体の境界における熱伝達をどのように見積もるかが重要となる．

熱伝達の現象は複雑であるが，その基本法則として「Newton の冷却則」[2] が広く採用されている．すなわち，温度 T，表面積 dF なる固体表面から，時間 dt に温度 T_0 なる周囲流体に伝達される熱量 dq_{LT} は，表面温度があまり高温でなければ面積 dF，時間 dt および固体と流体の温度差 $T-T_0$ に比例し，式 (4.26) で表される．

$$dq_{LT} = \alpha dF \cdot dt (T - T_0) \tag{4.26}$$

ただし T_0 は固体から十分離れた点の固体の有無に無関係な温度である．また，α は熱伝達率 (heat transfer coefficient) とよばれ，単位は W/m²·K である．この係数は，伝熱量におよぼすふく射，対流，伝導の影響を総括して表す

ものであり，その値は固体の温度，表面状態，流体の性質およびその運動状態に大きく依存する．

一般に，比較的低温度では，熱伝達は主として対流によって生じ，一方，高温では，主としてふく射によって生じるといわれている．この場合の熱伝達は「ステファン・ボルツマン（Stefan-Boltzmann）の放射法則」で表される[2]．すなわち，ふく射によって固体表面の表面積 dF から時間 dt に失われる熱量 dq_{HT} は，固体の絶対温度 T と周囲流体の絶対温度 T_0 の4乗差に比例し，式(4.27)で表される．

$$dq_{HT} = CdF \cdot dt(T^4 - T_0^4) \qquad (4.27)$$

C はふく射係数とよばれ，その単位は $W/m^2 \cdot K^4$ である．完全黒体（black body）の場合，C の値は $5.67 \times 10^{-8} W/m^2 \cdot K^4$ である[2]が，実用金属材料ではこれより小さい．

一般に熱伝達率は，高温になるほど大きくなるため，溶接のように温度が材料の融点から室温までの広範囲に変化する場合には，特に高温において厳密には表面からの放熱を無視できなくなる．

熱伝導問題を解く際，境界面から流入，流出する熱量が境界面の温度の関数として与えられる場合には，式(4.26)および式(4.27)を境界条件として用いる必要がある．また，その他の境界条件として，境界上の温度が室温や融点などのように，時間に無関係な一定値とする場合，断熱条件などのように，境界上での温度勾配を一定値とする場合などがある．

[演習問題]

1. 平面応力（plane stress）および平面ひずみ（plane strain）とはどのような応力（またはひずみ）状態か説明せよ．
2. 直径10 mm，長さ100 mm の剛塑性体の丸棒がある．これを長さ120 mm になるまで引き伸ばした．このとき次のものを求めよ．ただし，この棒の単軸引張りにおける真応力（σ）と真ひずみ（ε）の関係は次式で与えられる．$\sigma = 200 + 500\varepsilon^{0.5}$ ［単位 MPa］．
   (a) 公称ひずみ［e］および真ひずみ［ε］，(b) 真応力［σ MPa］，(c) 引張り力

[PkN].

3. 単軸引張りにおける降伏強さ $Y=200$ MPa の硬化塑性体がある．以下の平面応力状態 (a), (b), (c) は次の3つの状態：[A] 未降伏，[B] 降伏開始，[C] 塑性変形（加工硬化）のどれにあたるかをミーゼスの降伏条件を用いて判別せよ（以下の単位は MPa）．
    (a) $\sigma_{xx}=100, \sigma_{yy}=100, \tau_{xy}=100$
    (b) $\sigma_{xx}=100, \sigma_{yy}=-50, \tau_{xy}=100$
    (c) $\sigma_{xx}=100, \sigma_{yy}=50, \tau_{xy}=100$

4. 軸対称問題（axi-symmetric problem）における応力・ひずみ解析のための基礎式（応力の平衡方程式，ひずみ-変位関係式，応力-ひずみ関係式）を示せ．

5. 内半径 a，外半径 b の円筒の内面の温度が一定値 T_a に保たれ，外面の温度が 0 に保たれていると，内面から外面への熱伝導を生じる．この場合の円筒の温度分布を求めよ．

6. 壁の両側の流体温度が T_1, T_2 であり，表面における熱伝達率が α_1, α_2 である．定常状態における温度 T_1 および T_2 に接した壁面温度 T_a および T_b を求める式を導出せよ．ただし，壁の熱伝導率を K，壁の厚さを δ とする．

参 考 文 献

1) 吉田総仁：弾塑性力学の基礎（共立出版，1997）
2) 長倉三郎他編：理化学辞典，第5版（岩波書店，1998）
3) 川下研介：熱伝導論（オーム社，1971），p.6
4) 渡辺正紀，佐藤邦彦：溶接力学とその応用（朝倉書店，1965），p.163
5) 大森正信：機械の研究，39-2 (1987)，p.319

第II部

材料加工各論

5 熱処理と表面改質

> 熱処理 (heat treatment) は，金属材料を加熱・冷却することにより組織制御を行い，所望の特性（主に機械的性質）を得ることを目的とした重要な加工法の1つである．ここでは，鋼の熱処理を中心にその種類と特徴，さらには表面処理法の種類と特徴についても説明する．

5.1 各種熱処理

A．焼ならし (normalizing)

図 5.1 に示すように，鋼を A_3 または A_{cm} 点より 30～50°C 高い温度のオーステナイト領域まで加熱・保持後，空冷する操作を焼ならし（または焼準）という．焼ならしの目的は，鍛造品や鋳造品などの粗大な組織を微細化して均一とし，その機械的性質を改善することにある．

B．焼なまし (annealing)

加工後の材料の均質化，残留応力の除去，材質の改善を目的として，適当な

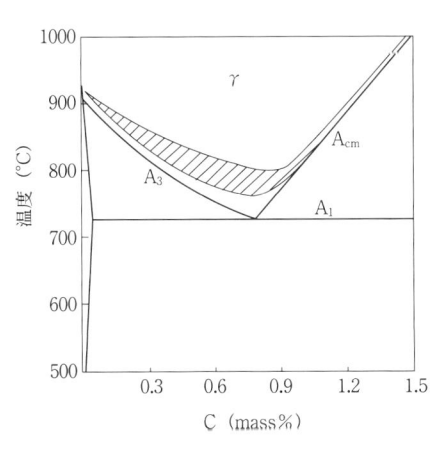

図 5.1 焼ならしの温度範囲

温度に加熱・保持後，徐冷する操作を焼なまし（または焼鈍）という．亜共析鋼では A_3 点以上，過共析鋼では A_1 点以上に加熱して，十分保持した後，非常にゆっくり冷却する操作を完全焼なまし（full annealing）という．一般的に焼なましといえば完全焼なましを指すことが多い．

（a） 材質の均質化

A_3 点または A_{cm} 点以上の適当な温度に加熱して，鋳造した合金の偏析を除去して均質化する焼なましを拡散焼なまし（diffusion annealing）という．この処理は高温で長時間行うため，表面酸化が問題となる．この酸化を避けるために還元性ガスあるいは真空などの雰囲気中で加熱する光輝焼なまし（bright annealing）が行われている．

（b） 残留応力の除去

鋳造，溶接，鍛造・圧延などの塑性加工や切削加工などを施すと材料中に残留応力が生じる．このような材料を切削加工したり，長時間使用したりすると変形を生じる．このため，残留応力の除去を目的として，鋼の場合には再結晶温度以上の580〜600℃（溶接の場合には600〜680℃）に加熱し，徐冷する．この操作を応力除去焼なまし（stress relief annealing）あるいはひずみ取り焼なましという．組織的には回復の状態にあり，軟化している．

（c） 材質の改善

塑性加工や切削加工を容易にするために，軟化を目的として行われる焼なましを軟化焼なまし（softening annealing）という．組織的には回復・再結晶により軟化している．鋼線や鋼板などを冷間加工する場合，加工硬化した材料を軟化させ，この工程を繰り返して行う．特に，この場合に行われる軟化を目的とした焼なましを中間焼なまし（process annealing）という．高炭素鋼（0.5〜1.5％C）の塑性加工，切削加工を容易にしたり，熱処理後の機械的性質を向上させる目的で，炭化物または過共析鋼で現れる網目状セメンタイトを球状化する焼なましを球状化焼なまし（spheroidizing）という．冷間加工あるいは焼入れされた鋼の場合には，A_1 点より20〜30℃低い温度で長時間加熱し，徐冷する．層状パーライトが粗い場合や網目状セメンタイトが存在している場合には，A_1 点上下20〜30℃の間で数回加熱・冷却を繰り返す．工具鋼，軸受鋼などの品質を安定させるためには重要な処理である．

C．焼入れ (quenching)・焼戻し (tempering)

鋼をオーステナイト状態から急冷して硬化させる（図 2.7 に示すようにマルテンサイト組織とする）操作を焼入れという．過飽和固溶体を得るために高温状態から急冷する操作をいうこともある．

焼入れの際の加熱温度は，亜共析鋼では A_3 点より 30〜50℃，過共析鋼では A_1 点より 30〜50℃ 程度上の温度が結晶粒の粗大化を招かないためによい．鋼

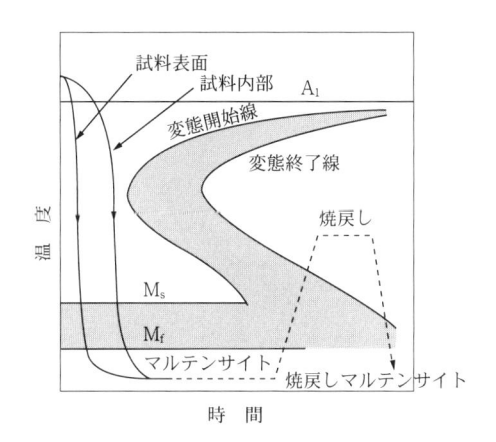

図 5.2 鋼の恒温変態図

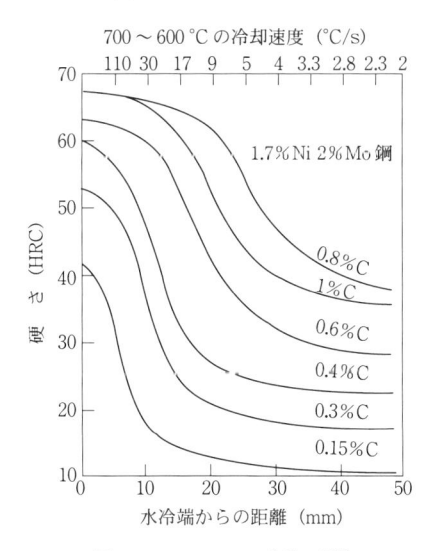

図 5.3 ジョミニー曲線の例[5]

の焼入れの目的はマルテンサイト組織のみを得ることであるので，図2.7に示したように，冷却速度が遅くなり連続冷却変態曲線にかかるとパーライトを生じる．しかし，図5.2に示すように同じ組成の鋼を焼入れした場合，その材料の質量や断面寸法の大小により冷却速度は異なる．また，冷却速度は材料の表面と内部で異なるので，表面はマルテンサイトになっても，内部はマルテンサイトにならない場合が生じる．これを質量効果（mass effect）という．図5.3に水冷表面からの距離に対する硬さの変化を示す．水冷表面からの距離が異なれば，硬さ分布が大きく異なる．このような焼きの入りやすさの程度を焼入性（hardenability）といい，焼きの入る深さと硬さの分布を支配する性能である．このような焼入性の大小については，この図に示したようなジョミニー（Jominy）試験により判断される．また，この図には炭素量の影響についても示してあり，炭素鋼では炭素量は硬さに大きな影響を与える．

　焼入性を改善するためには，炭素鋼にNi，Cr，Mo，Vなどの特殊元素を添加して合金鋼とする必要がある[*1]．この代表的な合金鋼に機械構造用合金鋼

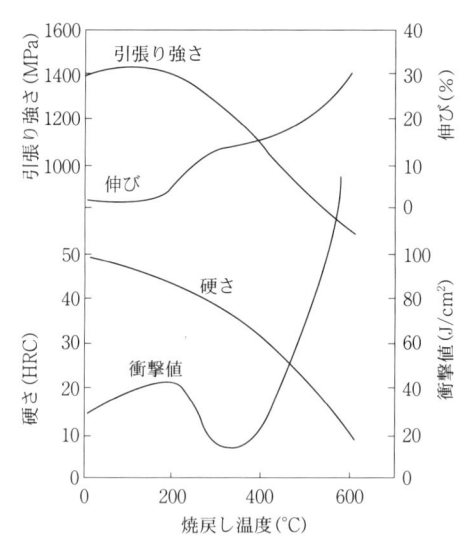

図 5.4　焼戻し温度と機械的性質の関係（S 40 C）

[*1] 添加元素は，Niのようにオーステナイトを安定化させる炭化物非形成元素と，Cr，Mo，Vなどのように FeよりCとの親和力が強く，セメンタイト以外の炭化物を形成してパーライト変態を起こりにくくする炭化物形成元素に分けられる．

(SCr, SCM, SNCM など）がある．これらの合金鋼では，図 5.2 に示す恒温変態図における S 曲線が右に移動し，焼入性が大幅に改善されている．

焼入れした鋼はそのままでは非常に硬く脆いので，図 5.2 のように A_1 点以下の適当な温度に加熱・冷却する．この操作を焼戻しという．図 5.4 に S 40 C の焼戻し温度と機械的性質の関係を示す．200°C までの低温での焼戻しでは，組織は焼戻しマルテンサイトとよばれ，硬さの低下は小さい．これに対して，高温ではマルテンサイトが分解してフェライト中に過飽和の炭素をセメンタイトとして微細に析出した組織となるため，硬さは低下するが，靱性は向上する．しかし，200～400°C では硬さが低下して軟化するにもかかわらず，衝撃値も低下して脆化する．このような現象を焼戻し脆性（temper brittleness），特にこの温度域の現象を低温焼戻し脆性といい，熱処理の際には注意が必要である．

D. 恒温（または等温）熱処理

C 項で述べた焼入れは，言い換えれば水や油などで連続冷却することである．この冷却の際には変態を伴うため，変態応力や熱応力が発生する．特に，高炭素鋼では焼割れやひずみを生じやすい．また，焼入れした鋼においてはオーステナイトがすべてマルテンサイトに変態しないで残留オーステナイトが存在したままとなる．このような現象を発生させないために，図 5.5 に示すような恒温焼入れが行われる．

（I）オーステンパ（austempering）：焼入れによるひずみ発生や焼割れを

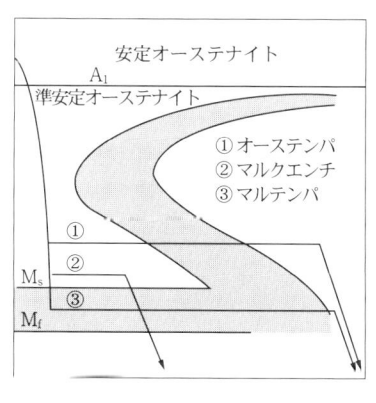

図 5.5 恒温焼入れ

防止するとともに，強靭性を与える目的で，パーライト変態温度以下，マルテンサイト変態温度以上の適当な温度に焼入れし，その温度に保持してベイナイト組織に変態させる操作をいう．

(2) マルクエンチ（marquenching）：焼入れによるひずみ発生や焼割れを防止する目的で，M_s 温度よりやや高い温度に焼入れして保持した後，徐冷してマルテンサイト組織に変態させる操作をいう．

(3) マルテンパ（martempering）：焼入れによるひずみ発生や焼割れを防止する目的で，M_s および M_f 温度の間に焼入れして保持した後，空冷してマルテンサイトとベイナイトの混合組織に変態させる操作をいう．マルテンパの後には，通常焼戻しを行う．

5.2 各種表面処理

多くの機械部品，例えば歯車，軸，圧延用ロールなどでは，表面は非常に硬くかつ部品自体には十分な靭性が必要である．これを満足させる方法に表面処理がある．これには，① 熱処理（主に焼入れ）を利用する方法，② 侵入型元素（C, N）の拡散と熱処理を利用する方法，さらには ③ 表面をコーティングする方法がある．ここでは，①および②について述べる．熱処理を利用した表面処理では，表面の硬化による耐摩耗性の向上だけでなく，焼入れ時のマルテンサイト変態による表面層の膨張が内部により拘束されて表面に圧縮応力が生じ，疲労強度も向上する．

A．表面焼入れ

表面焼入れは，表面のみを焼入温度まで加熱した後，急冷して焼入れる方法である．最終形状に機械加工した製品を酸素・アセチレンガスの炎で加熱する炎焼入れ（flame hardening），高周波電流による誘導加熱を利用した高周波焼入れ（induction hardening），電子ビームやレーザを利用した焼入れ方法などがある．通常，このように焼入れされた製品では表面層のマルテンサイトを焼戻して使用する．

炎焼入れは加熱温度の制御が難しいのに対して，高周波焼入れは焼入れ深さ

δ を次式により制御できる．このため，安定してかつ短時間で焼入れでき，変形も少ない．

$$\delta = \frac{1}{2\pi}\sqrt{\rho/\mu f} \tag{5.1}$$

ρ：比抵抗, μ：透磁率, f：周波数

電子ビームやレーザでは，微小領域あるいは決められた領域を精度よく焼入れできる特徴がある．

B. 浸炭 (carburizing)

低炭素鋼の表面層の炭素量を増加させるために浸炭剤中で加熱処理する操作を浸炭という．浸炭は浸炭剤の種類によって固体浸炭，液体浸炭およびガス浸炭に分けられる．通常，浸炭後は焼入れ・焼戻しを施す．この処理を肌焼きということもある．

[浸炭深さの計算]

§2.2 で示したように，式 (2.10) を初期条件
$t=0$ において，

$x=0$, $c(x, t)=c_s$ （表面の炭素量）

$x>0$, $c(x, t)=c_0$ （材料中の炭素濃度）

のもとで解くと，

$$\frac{c_x-c_0}{c_s-c_0}=1-erf\left(\frac{x}{2\sqrt{Dt}}\right)=erfc\left(\frac{x}{2\sqrt{Dt}}\right) \tag{5.2}$$

となる．この式より，表面からある位置のある時間における炭素濃度 c_x がいくらになるか予測できる．

また，浸炭深さ d の見積りには，

$$d=\sqrt{2Dt} \tag{5.3}$$

が用いられることも多い．

(a) 固体浸炭

炭素粒に Na_2CO_3 や $BaCO_3$ を 10〜30% 混合した中に低炭素鋼を埋めて，900〜1000℃ で加熱する．この際に発生した CO ガスにより浸炭が起きる．

(b) 液体浸炭

KCN あるいは NaCN の液体浸炭剤中に浸し，

$$4\,NaCN + 4\,O_2 \longrightarrow 2\,Na_2CO_3 + 2\,CO + 2\,N_2$$

の反応により発生した CO ガスにより浸炭する．あわせて N による窒化も起きる．

(c) 気体（ガス）浸炭

メタンガスや天然ガスに適量の空気を混合し，1000～1100℃に加熱した Ni 触媒中を通した浸炭ガスを使用して浸炭させる方法で，温度や雰囲気制御が容易であるので，大量生産に向いている．このような浸炭を行っておくと，表面が硬く内部に靭性のある製品を製造できるだけでなく，焼入れの際に焼割れを起こしにくい．これは，表面層の炭素量が高いため $/M_s/$ 点が低く，逆に内部は炭素量が低いために $/M_s/$ 点が高い．マルテンサイト変態は内部から起こり，表面で終了する．この結果，内部応力の分布からみると，表面は圧縮，内部は引張りの状態になるため焼割れを起こしにくい．

C. 窒化（nitriding）

窒化鋼（Al や Cr を含んだ合金鋼）の表面層に N を拡散させて，表面硬化させる操作を窒化という．窒化では，表面層と窒素とを反応させて硬い窒化物（AlN や Cr_2N など）を析出して硬化させるため，Al や Cr などを含んだ窒化鋼を用いないと硬化しない．窒化には，①アンモニア分解ガスを用いるガス窒化法，②減圧した窒化性ガス雰囲気中でグロー放電により N を拡散させるイオン窒化法，および③シアン化塩浴中で N を拡散させる液体窒化法がある．また，シアン化カリ（KCN）に炭酸ナトリウムを添加し溶融させ，空気を吹き込んで KCN の一部を酸化させた組成の塩浴中で N を拡散させる軟窒化法（タフトライド法）がある．

窒化処理は，最終形状に機械加工し，焼入れ・焼戻しを施した後に行う．浸炭のように熱処理によるひずみが大きくなく，処理温度も 500℃ 付近と低いた

表 5.1 焼入れ・焼戻し鋼と窒化鋼の機械的性質の比較[5]

	降伏点 (MPa)	引張り強さ (MPa)	伸び (%)	絞り (%)	衝撃値 (J/cm^2)	硬さ (HV)	耐久限 (MPa)
焼入れ・焼戻し鋼	785	932	24	68	160	280～300	481
窒化鋼	824	991	8	59	74	1100～1130	579

めひずみが小さく，精密部品の表面硬化に適している．また，硬化層は浸炭に比べて薄いため強い摩耗を受ける場合には適さないが，硬化層は非常に硬いため耐摩耗性に優れるとともに，表 5.1 に示すように疲労強度も高い．

[演習問題]

1. 図 5.3 を用いて，次の問に答えよ．
(1) これらの低合金鋼のうち，低温まで最も焼入性がよいのは，炭素何％の鋼か．
(2) この鋼を焼入れした場合，50 HRC 以上の硬さが得られる臨界冷却速度はいくらか．
(3) 0.4% C 鋼において，50 HRC 以上の硬さを保つためには，いくら以上の冷却速度が必要か．
(4) 表面硬度が 60 HRC であった．この鋼の炭素量を推定せよ．
2. 0.2% C の炭素鋼を 1000°C で浸炭処理を行った．表面炭素濃度 C_s を 1.0% として，表面から 1 mm の位置での炭素濃度 C_x が 0.6% になるには，どれだけの時間が必要か計算せよ．

参 考 文 献

1) 日本金属学会編：金属便覧（改訂 3 版）（丸善，1971）
2) 田中政夫，朝倉健二：機械材料（第 2 版）（共立出版，1993）
3) J. K. Shackelford：Introduction to Materials Science for Engineers, 4th ed. (Prentice Hall, 1996)
4) J. R. Davis 編：Metals Handbook 2nd ed. (ASM International, 1998)
5) 須藤一：機械材料学（コロナ社，1993）
6) 門間改三：大学基礎 機械材料（改訂版）（実教出版，1994）

6 鋳　造

> 鋳造（casting）は，金属に熱を加えて溶解することにより流動性を与えて，型に流し込んで成形する加工法の1つである．本章では，鋳造において重要な凝固現象の解析法，鋳鉄の材質とその制御法について説明する．

6.1　鋳造における技術的課題

A．主な鋳造法

鋳造工程は，図6.1に示すように造型（砂を固めて型をつくること），溶解（溶かした金属を型に流し込むこと），鋳込みなどの工程からなり，この造型方法や鋳込み方法により鋳造法が分類されている．

(a) 砂型鋳造法（sand mold casting）

最もよく用いられている方法で，砂型（生型，樹脂型）に溶かした金属（溶湯という）を流し込んで固めて鋳物をつくる方法である．この方法では低コス

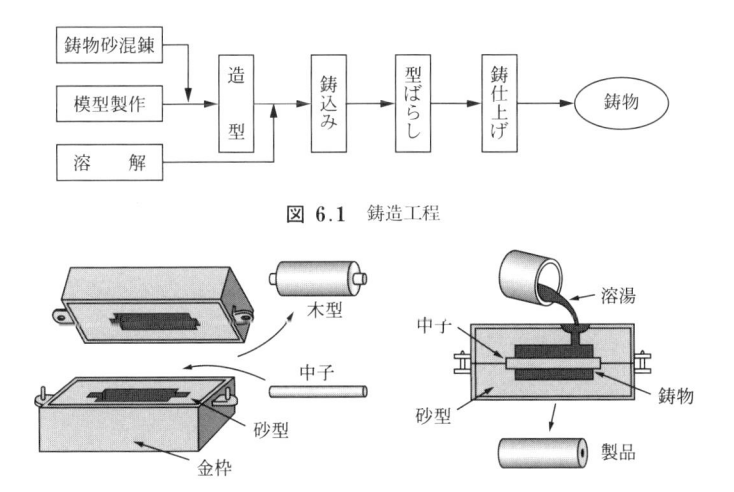

図 6.1　鋳造工程

図 6.2　砂型鋳造法[1]

トで大量に製品を製造できるが，製品の精度が悪い，型ばらしなどの余分な工程が必要などの欠点がある（図 6.2 参照）．

（b） 金型鋳造法（die mold casting）

上述の砂型に代わり金型を利用して鋳物をつくる方法である．この方法では製品の寸法精度がよく，型を繰り返し利用できるなどの長所があるが，複雑形状で肉厚の製品ができないなどの欠点もある．

（c） 精密鋳造法（precision casting process）

製品の寸法精度がよくかつ複雑形状品の製造が可能な鋳造法で，シェルモールド法（shell mold process）とロストワックス法（lost wax process）（インベストメント法（investment mold process）ともいう）がある．

シェルモールド法は，けい砂にフェノール樹脂を混合して熱硬化させて薄い貝殻状の型（shell）をつくる方法で，自動車用鋳物などの製造に多く用いられている．

ロストワックス法は，製品と同じ形状を射出成形機によりワックスでつくり，これに細かいシリカやジルコニア粉末を粘結剤とともに付着させて乾燥させた後，ワックスを溶かし出して型をつくる方法である．砂型鋳造法に比べて，寸法精度が高くかつ複雑形状の製品をつくることができる（図 6.3 参照）．

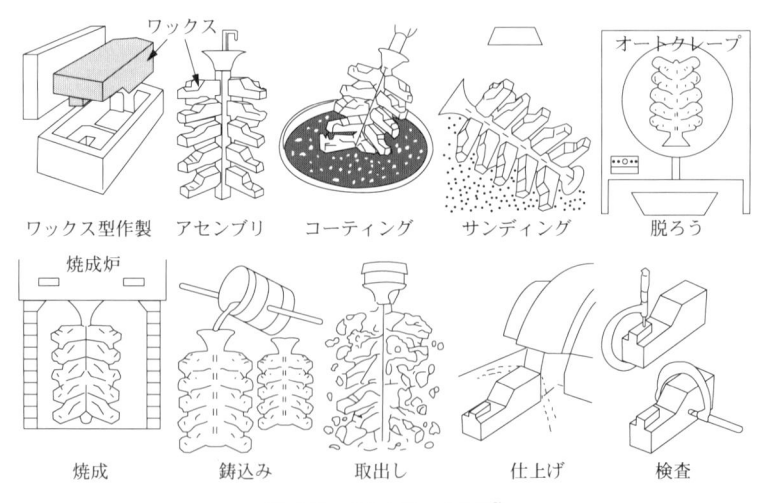

図 6.3 ロストワックス法[2)]

(d) 特殊鋳造法

圧力や遠心力などを利用した特殊な鋳造法にダイカスト法(die casting)，低圧鋳造法 (low pressure casing)，遠心鋳造法（centrifugal casing）などがある．

ダイカスト法は，圧力を利用して金型に溶湯を鋳込む方法で，ダイカストマシンを用いる．材質的には鋳造性を重視した Al 合金と亜鉛合金が JIS に規定されているほか，Mg 合金などにも用いられている．この方法では金型を用いるため，肉厚の製品の製造は難しいが，自動車のエンジンブロック，カメラボディなど幅広い分野の製品の製造に利用されている（図 6.4 参照）．

低圧鋳造法は，密閉した溶解炉に大気圧よりわずかに高い圧力をかけて，鋳型内に溶湯を押し上げて鋳込む方法で，主にアルミニウム合金の肉厚製品の製造に利用されている．

遠心鋳造法は，円筒鋳型を高速で回転させて溶湯を流し込み，遠心力により円筒形の鋳物をつくる方法で，鋳鉄管，ピストンリング，シリンダライナなどの製造に利用されている．

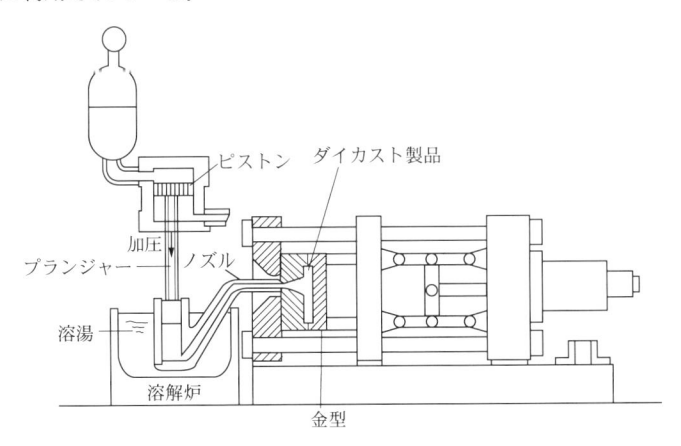

図 6.4 ダイカスト法[1]

(e) 連続鋳造法（continuous casting）

連続鋳造法は，溶湯を鋳型中に連続的に注入し，凝固した金属を鋳型から連続的に引き出して鋳塊を製造する方法で，鋼および銅合金などの非鉄金属に利用されており，四角形，円形などの各種断面形状の鋳塊の製造が可能となって

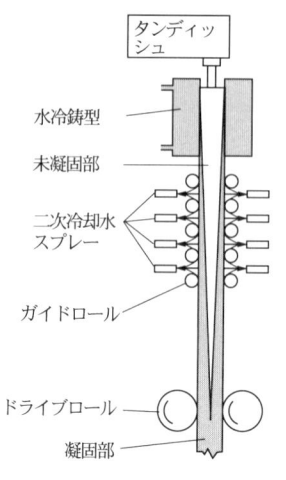

図 6.5 連続鋳造法[2)]

いる（図6.5参照）．

B．上手に鋳造するための視点

鋳造を行うために重要な視点を列記すると次のようになる．
（1） 鋳型の特性が要求どおりである．
（2） 溶湯の性状が良い．
（3） 引け巣，ポロシティなどの内部欠陥が生じることなく鋳造できる．
（4） 鋳造品の形状精度，表面性状などが良い．
（5） 製品の材質（強度，靭性など）が要求どおりである．

これらのことを満足した上で，エネルギー消費が少なく，材料費が安いなど低コストでかつ製品の材質や形状に合った加工法や条件が選ばれることになる．

6.2　凝固現象の解析法

鋳造は溶解した金属を鋳型（mold）に鋳込んで，冷却して固体金属にする方法である．このように液体が固体へと変化することを凝固(solidification)という．凝固時の冷却曲線とインゴット(ingot)（鋳塊）の凝固組織を図6.6に示す．

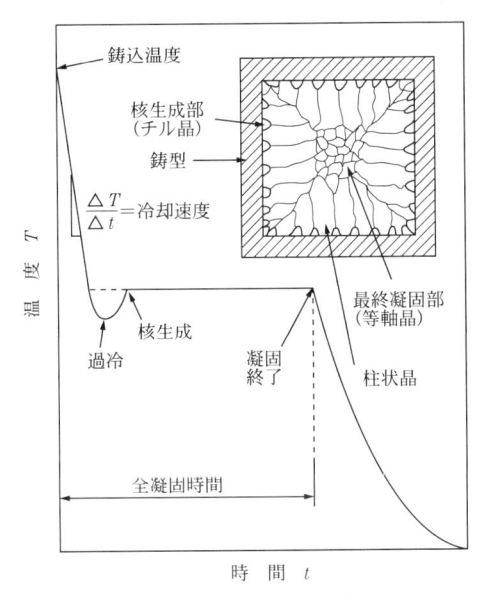

図 6.6 凝固時の冷却曲線と凝固組織

 この凝固過程を見てみると，まず平衡状態図における液相線の温度になると固体の結晶となる核が生成する．実際にはこの温度で核生成しないで，図 6.6 に示すように温度低下が起きる場合も多い．これを過冷(あるいは過冷却)(supercooling) という．また核生成の場所は鋳型壁や不純物などである．核生成後，融液中の原子が凝集して結晶成長する．これに伴い，潜熱 (latent heat) の放出ならびに合金の場合には溶質の移動が起きる．鋳型壁近くでは急激な冷却により多くの核生成が起こり，チル晶とよばれる組織となる．その内側ではゆっくりと冷却されるために柱状晶とよばれる大きく成長した組織となる．ここでは，合金組成や冷却速度などの違いにより，セル状や樹枝(デンドライト)状に凝固していく．最終凝固部となる中心部は等軸晶となる．鋼のインゴットは圧延などの加工を施した後，熱処理により再結晶させて微細な均一組織とし，板材，線材などとして用いられる(§2.4 参照)．しかし，鋳物の場合には，このような加工を行わないため接種剤を用いて核を増やしたり，冷却の遅い所には冷し金とよばれる冷却用の金属板を設置するなどして結晶粒の微細化を図り，機械的性質の低下を防ぐ工夫がなされている．

鋳造においては，このような凝固現象を解析することは重要である．生産工程上，どのくらいの時間で凝固するのか，凝固組織はどうなるのか，引け巣などの欠陥は生じないかなどを知る必要がある．最近では，3次元凝固解析シミュレーションソフトが開発され，生産現場において利用されているが，技術者としてその基本的な原理を知っておくことは重要である．

A. 熱伝導による凝固現象の解析

凝固現象は，いいかえれば溶解金属から鋳型への熱伝導である．すなわち，この現象においては熱伝導現象を解析することが最も重要となる．

[無限平板状の純金属の凝固]

いま，鋳物の厚さを半無限，幅を無限とする．ある時間 t における鋳物および鋳型の温度分布 T は，これらの境界面における温度を一定（T_c）とすると，フィックの第2法則により求めた拡散の場合（§2.2 参照）と同様に，

$$T = T_c\left\{1 - erf\left(\frac{x}{2\sqrt{Dt}}\right)\right\} = T_c\, erfc\left(\frac{x}{2\sqrt{Dt}}\right) \tag{6.1}$$

で与えられる．ここで，$D = \kappa/(\rho c)$ で，κ は熱伝導率，ρ は密度，c は比熱である．

鋳型の単位面積における熱移動速度 dQ/dt は，フィックの第1法則で与えられる．

$$\frac{dQ}{dt} = -K\left(\frac{dT}{dt}\right) \quad (x=0 \text{ において}) \tag{6.2}$$

ここで，K，T および x はそれぞれ鋳型の熱伝導率，温度および界面からの距離である．式 (6.1) を代入すると，

$$\frac{dQ}{dt} = \frac{KT_c}{\sqrt{\pi Dt}} \quad (x=0 \text{ において}) \tag{6.3}$$

$t=0$ から t までの間に移動した総熱量は，積分すると

$$Q = 2KT_c\frac{\sqrt{t}}{\sqrt{\pi D}} \tag{6.4}$$

となる．この熱量は鋳型に吸収された熱量，すなわち鋳物の凝固・冷却により放出された熱量である．

鋳物および鋳型における温度分布を図 6.7 に示す．時間 t における鋳物の凝固厚さを d とする．鋳物が凝固する際に発生する熱量は (a) 溶湯の冷却により放出される熱量，(b) 凝固潜熱，(c) 過冷による熱量などである．

凝固潜熱 $= d\rho L$

第6章 鋳造

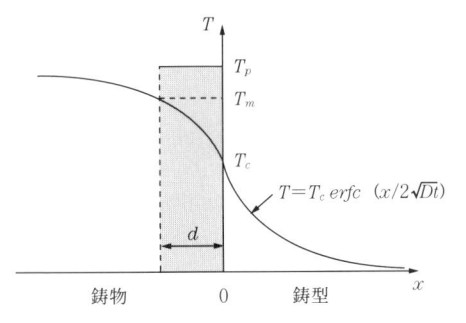

図 6.7 鋳物および鋳型の温度分布

$$\text{過冷による熱量} = \frac{\rho c d (T_m - T_c)}{2}$$

$$\text{凝固温度以上の加熱量} = \rho c d (T_p - T_m)$$

ここで，T_p および T_m は鋳込温度および融点，L は単位重量あたりの融解潜熱である．これらは鋳型に吸収される熱量に等しいので，

$$Q = d \left\{ \rho L + \frac{\rho c (T_m - T_c)}{2} + \rho c (T_p - T_m) \right\} \tag{6.5}$$

{ } の中は定数となるので，a とおくと，式 (6.4) と (6.5) より

$$ad = \frac{2KT_c \sqrt{t}}{\sqrt{\pi D}} \tag{6.6}$$

したがって，

$$d = h\sqrt{t} \tag{6.7}$$

ここで，$h = \frac{2KT_c}{\sqrt{\pi D} a}$ である．式 (6.7) は，凝固時間は鋳物の厚さの二乗に比例することを示している．この式に，断面積 A をかけると，Ad は凝固部分の体積 V となるので，次式を得る．

$$t = B \left(\frac{V}{A} \right)^2 \tag{6.8}$$

これはクボリノフ (Chvorinov) の法則とよばれ，鋳物の形状とその凝固時間 t との関係を示すものであり，C 項で述べる押湯の形状を決定する上で重要な式である．$M = V/A$ をモジュラス (modulus) とよび，B は金属と鋳型の特性や鋳込み温度に依存する鋳型定数 (mold constant) である．

B. 溶質の移動を考慮した凝固現象の解析

合金の凝固現象においては純金属の場合の熱移動だけでなく，溶質の移動を考慮しなければならない．A-B合金において，合金元素Bの平均濃度がC_0の液体を凝固させると，固体中の濃度と液体中の濃度の比は$k=C_S/C_L$となる（図6.8参照）．これを平衡分配係数（equilibrium distribution coefficient）という．

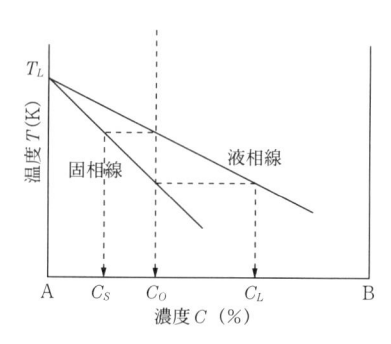

図 6.8 A-B合金の平衡状態図

この状態図のように，固体Bの濃度がC_0より低い場合には凝固先端では，固体から液体中にB原子が排出される．この排出されるB原子は単位体積あたり$D(d^2c/dx^2)$だけ蓄積され，凝固先端の凝固速度をvとすると，$-v(dc/dx)$だけ凝固のために持ち去られる．定常状態では，これらが等しくならなければならないので，次式が得られる．

$$D\frac{d^2c}{dx^2}+v\frac{dc}{dx}=0 \tag{6.9}$$

境界条件を入れて解くと，

$$C=C_0\left\{1+\frac{1-k}{k}\exp\left(-\frac{v}{D}x\right)\right\} \tag{6.10}$$

となり，これは凝固先端からの液体中のB原子の濃度を示す（図6.9参照）．

ここでは，液相線を直線と仮定しているが，その勾配をmとすると液体中の融点の分布は，

$$T=T_l-mC \tag{6.11}$$

と表される．ここで，T_lは純金属の融点である．これに式(6.10)を代入する

第6章 鋳造

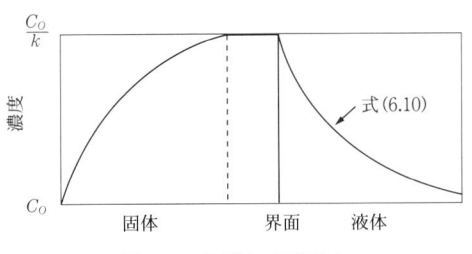

図 6.9 B原子の濃度分布

と，

$$T = T_l - mC_O\left\{1 + \frac{1-k}{k}\exp\left(-\frac{v}{D}x\right)\right\} \quad (6.12)$$

となる．

一方，実際の温度勾配が固体と液体の界面で $G(=dT/dC)$ とすれば，実際の温度分布は次式で表される．

$$T_{ac} = T_l - \frac{m}{k}C_O + Gx \quad (6.13)$$

式 (6.13) は $x=0$ で固体と液体の界面での凝固温度を示している．

固体と液体中の実際の温度分布は図 6.10 に示す形となる．これは，液体全体が界面の温度以上にはあるが，実際の温度 T_{ac} は液相線温度 T 以下にあることを表しており，液体は過冷されている状態にある．これは組成的過冷(constitutional supercooling)とよばれる．このような組成的過冷が起こる条件は，界面における温度勾配を示す次式で与えられる．

$$\left(\frac{dT}{dx}\right)_{x=0} \geqq \left(\frac{dT_{ac}}{dx}\right)_{x=0} \quad (6.14)$$

これに式 (6.12) および (6.13) を代入すれば，

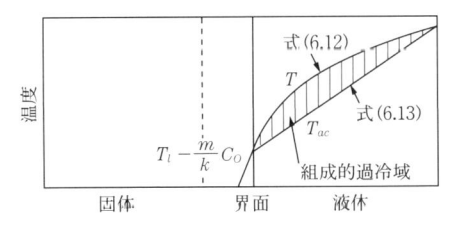

図 6.10 組成的過冷

$$\frac{mC_0}{D} \cdot \frac{1-k}{k} \geqq \frac{G}{v} \tag{6.15}$$

となり，等号は臨界条件で不等号は組成的過冷の起きる条件である．

C．凝固解析による引け巣欠陥の予測

実際の鋳造作業において健全な鋳造品を製造するためには，鋳型材料，造型方法，湯口方案，押湯など多くの項目を決定しなければならない．これらを総称して鋳造方案（casting plan）とよんでいる．特に，引け巣（shrinkage）をはじめとする多くの欠陥を回避するためには，このような鋳造方案のうち，湯口方案と押湯が重要である．詳細については成書（例えば，参考文献8）にゆずる．

(a) 湯口方案

鋳物製品に欠陥が生じないように，"静かに"かつ"速やかに"溶湯を型に流し込むための湯口，湯道，せきなどの寸法・形状，鋳込み方法などを決めることを湯口方案という（図6.11参照）．

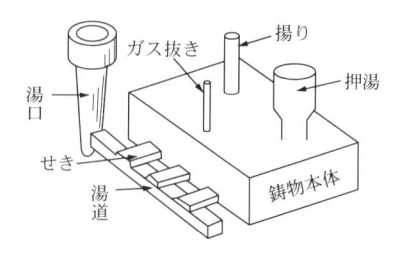

図 6.11 湯口方案

各部の寸法・形状については，水力学により計算されている．鋳込み温度・時間については鋳物や鋳型の材質，鋳物の寸法・形状などにより決定される．鋳込み時間 t については，Dietert による $t = k\sqrt{G}$ の式がよく用いられる．ここで，k は定数，G は溶湯量である．

(b) 押湯（riser）

溶湯が凝固すると体積収縮による欠陥，いわゆる引け巣が発生する．鋳物の製品にこのような欠陥を発生させないために，溶湯を供給する湯だまりを押湯（おしゆ）という．球状黒鉛鋳鉄の場合には押湯のいらない方案が Karsay によ

り提案されている．押湯設計の基礎は式 (6.8) のクボリノフの法則で，これを用いて押湯寸法の計算方法が提案されており，コンピュータシミュレーションできるようになっている．

6.3 鋳鉄の材質とその制御

鋳鉄は，自動車をはじめとする機械工業など幅広い分野で利用されている材料である．ここでは，鋳鉄の材質とその制御法について述べる．

A．化学成分と冷却速度による組織制御

鋳鉄の組織は，主として ① 化学成分（C, Si 量），② 冷却速度（肉厚，鋳型の種類）により大きく変化する．このため，これらの因子が鋳物の材質にどの

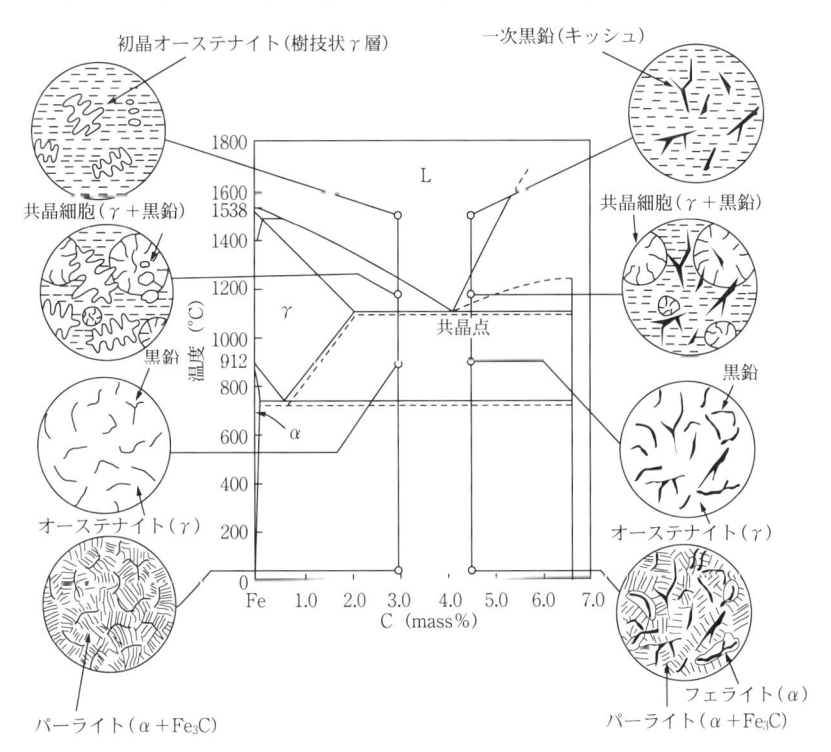

図 6.12 Fe–C 系複平衡状態図と鋳鉄の組織変化

ような影響を及ぼすかを十分に把握しておくことが重要である．第2章でも示したように，Fe-C系複平衡状態図（図6.12参照）において，2.14%C以上を鋳鉄といい，最も低い融点の4.3%Cを共晶点（eutectic point）という．鋳鉄の場合には，Siが多く含まれているため，Si量をも考慮して，C量に換算した値 $CE = (\%C) + (1/3)\cdot(\%Si)$ を用いる．これを炭素当量（carbon equivalent）という．図6.12からもわかるように，ゆっくり冷却すると共晶点を境に，C量が低い場合には，融液中に初晶オーステナイトが出現し，共晶温度付近で共晶セル（あるいは共晶細胞）とよばれるオーステナイト中に黒鉛を含む組織が出現する．さらに，冷却が進むとオーステナイト中に片状の黒鉛が存在し，共析温度以下になるとオーステナイトがパーライトに変態した組織となる．これに対して，C量が高い場合には，融液中に一次黒鉛が出現した後，冷却に伴って同様に変化していき，最終的に片状黒鉛とパーライトとフェライトが存在する組織となる．C量により基地組織のパーライトとフェライトの量が変化し，これにより機械的性質が変わってくる．したがって，鋳鉄の機械的性質は黒鉛の形態と基地組織に大きな影響を受ける．ここで見られる組織は図6.13(a)に示す**ねずみ鋳鉄**（gray cast iron）（または**片状黒鉛鋳鉄**ともいう）の組織である．

　また，溶湯の冷却速度は製品の肉厚や鋳型の種類に影響される．この冷却速度の違いにより黒鉛の形態が大きく変化し，基地組織も変化する．このため，製品の肉厚部分には冷し金をつけるなどして冷却速度を速くして，異常組織の発生を防止するなど製造上の注意が必要である．

B．溶湯処理による組織制御

　ねずみ鋳鉄では黒鉛が片状であるため，黒鉛先端に応力集中が発生し，延性がほとんどない．これを改善するため，球状化剤（Fe-Si-Mg系が多い）を添加することにより，図6.13(b)の組織写真に示すように，片状黒鉛を球状黒鉛に変えることができる．これを**球状黒鉛鋳鉄**（spheroidal graphite cast iron）（または**ダクタイル鋳鉄**（ductile cast iron）ともいう）という．球状黒鉛鋳鉄は§3.1で述べたように延性を有しており，強度は基地組織により大きく変化する．

(a) 片状黒鉛鋳鉄　　(b) 球状黒鉛鋳鉄

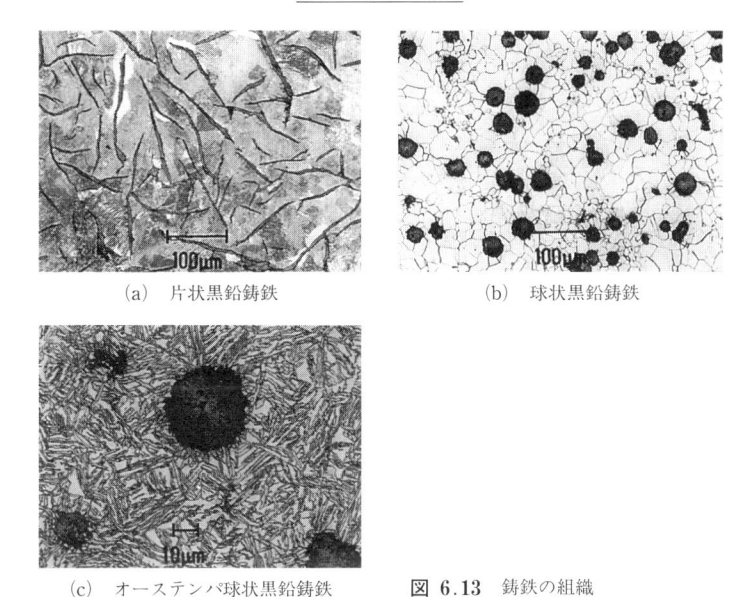

(c) オーステンパ球状黒鉛鋳鉄　　図 6.13　鋳鉄の組織

C. 熱処理による組織制御

球状黒鉛鋳鉄はフェライトからパーライトまでの基地組織を有し，フェライト基地（図 6.13(b)）では引張り強さ 400 MPa 程度，細かなパーライト基地では 800 MPa 程度まで大きく変化する．さらに，強度を向上させるためには，鋼の場合と同様に熱処理を施す必要がある．球状黒鉛鋳鉄にオーステンパ熱処理を施すと，組織がオースフェライトとよばれる組織（図 6.13(c)）になり 1200 MPa 程度まで強度が向上する．これを**オーステンパ球状黒鉛鋳鉄**（(austempered spheroidal graphite cast iron)，または**オーステンパダクタイル鋳鉄**（austempered ductile cast iron）という．単に ADI ということも多い．）という．このように，熱処理によって基地組織を変えることにより，鋳鉄の機械的性質を改善することができる．

[演習問題]

1. 図中に示す形状の鋳物の中心部における冷却曲線が，図 6.14 のように得られ

図 6.14

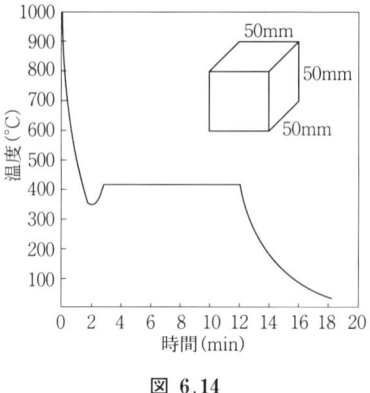

た．次の問に答えよ．(1) 鋳込み温度，(2) 凝固開始温度，(3) 過冷の状況，(4) 凝固開始までの冷却速度，(5) 全凝固時間および (6) 鋳型定数を計算せよ．

2. 厚さ 50 mm，直径 500 mm の円盤状の鋳物を製造したい．
 (1) 凝固時間はどのくらいかかるか．
 (2) 凝固時間を短くすると，材料の強度も向上する．25% 凝固時間を短くした場合，直径を同じとすると厚さはいくらに設計できるか．
 (3) 図 6.11 に示すような形状で，長さ 200 mm，幅 100 mm，厚さ 50 mm の直方体の鋳物を鋳造したい．鋳物に凝固収縮欠陥が生じないための押湯を設計せよ．なお，押湯の形状は円柱で，高さは直径の2倍とする．また，押湯の凝固時間は鋳物本体より 1.25 倍かかるとせよ．

参 考 文 献

1) D. R. Askeland : The Science and Engineering of Materials 3rd ed. (PWS, 1994)
2) J. R. Davis 編：Metals Handbook 2nd ed. (ASM International, 1998)
3) B. Charmers（岡本・鈴木共訳）：金属の凝固（丸善，1977）
4) 阿部秀夫：金属組織学序論（コロナ社，1970）
5) 柳沢平・吉田総仁：材料科学の基礎（共立出版，1994）
6) 鋳鉄の生産技術教本部会：鋳鉄の生産技術（素形材センター，1992）
7) 日本鋳物工業会編：鋳鉄の材質（コロナ社，1965）
8) 日本鋳物工業会編：鋳鉄鋳物の鋳造方案の考え方（コロナ社，1990）

7 溶接・接合

溶接（welding）および接合（joining または bonding）は，本質的には，材料間の界面を原子レベルで密着させ，両者をつなぐ技術であり，構造物の製作にはなくてはならない要素技術である．本章では，この技術における材料的および力学的な特性の変化について説明する．

7.1 溶接における技術課題

A. 主な溶接法

溶接法（溶融接合）は，熱エネルギーにより材料を溶融状態にして接合する方法である．主として使用される熱源は，アーク，電子ビーム，レーザビーム，ジュール熱，化学反応熱などがあり，これにより溶接法は図7.1のように分類される．また，これらの溶接法の中で代表的な方法を，図7.2に模式的に示す．

アーク溶接では，アーク放電により発生した熱を利用して，接合部を加熱・溶

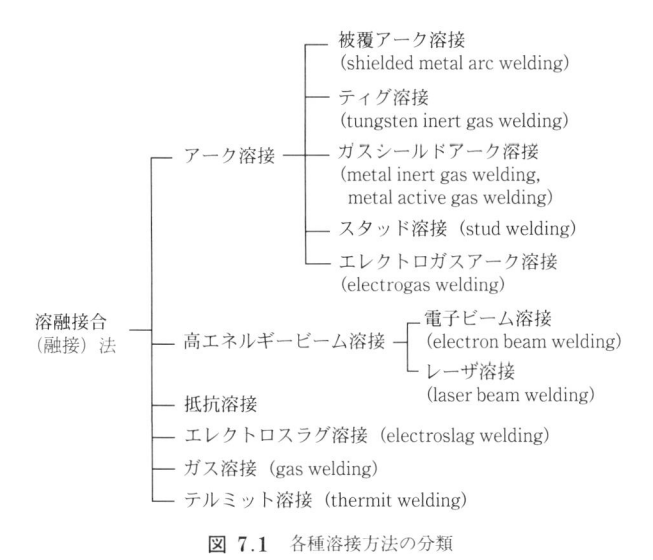

```
溶融接合
(融接)法 ┬─ アーク溶接 ┬─ 被覆アーク溶接
         │              │   (shielded metal arc welding)
         │              ├─ ティグ溶接
         │              │   (tungsten inert gas welding)
         │              ├─ ガスシールドアーク溶接
         │              │   (metal inert gas welding,
         │              │    metal active gas welding)
         │              ├─ スタッド溶接 (stud welding)
         │              └─ エレクトロガスアーク溶接
         │                  (electrogas welding)
         ├─ 高エネルギービーム溶接 ┬─ 電子ビーム溶接
         │                          │   (electron beam welding)
         │                          └─ レーザ溶接
         │                              (laser beam welding)
         ├─ 抵抗溶接
         ├─ エレクトロスラグ溶接 (electroslag welding)
         ├─ ガス溶接 (gas welding)
         └─ テルミット溶接 (thermit welding)
```

図 7.1 各種溶接方法の分類

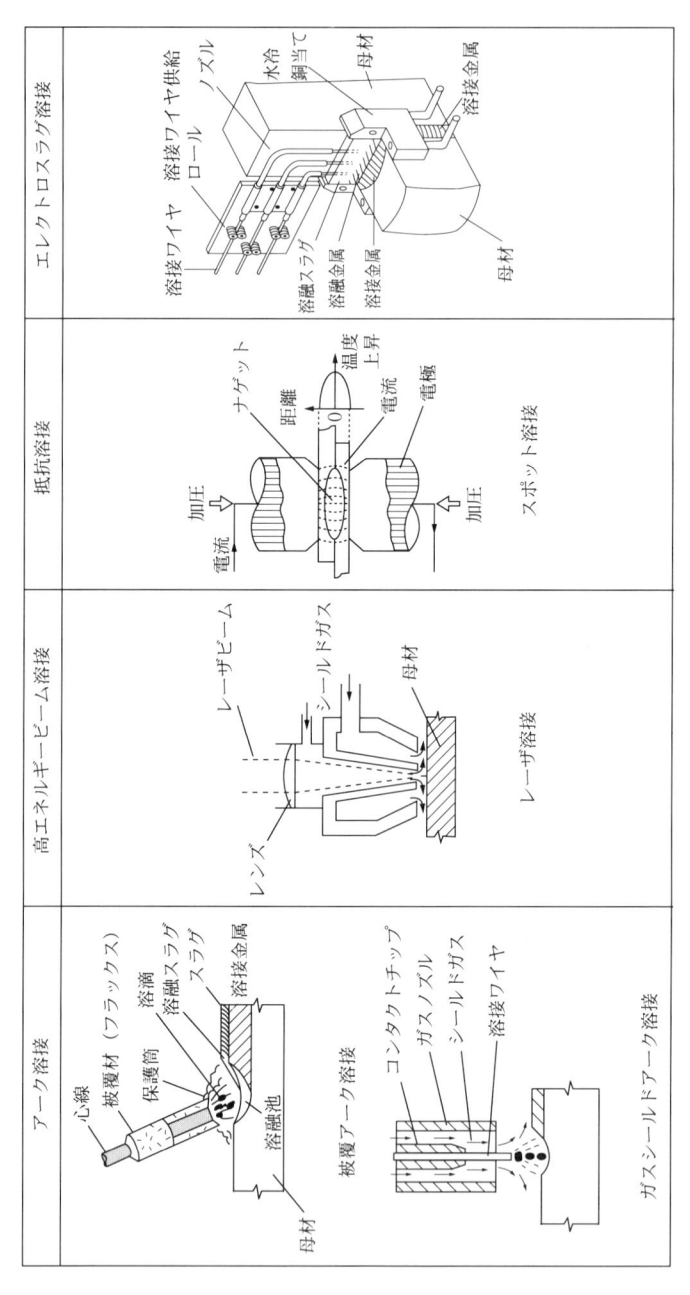

図 7.2 各種溶接方法の模式図

融させる．これは容易に高温が得られ，かつ操作が簡単であるため古くから最も広く利用されている．

電子ビーム溶接やレーザ (LASER: Light Amplification by Stimulated Emission of Radiation) 溶接では，電子ビームやレーザビームなどの高エネルギー密度熱源を利用して局所にエネルギーを集中させて溶接する方法である．溶接する領域が非常に狭いため，材料への熱影響が少なく，熱変形も少ない．

抵抗溶接は，電気抵抗によるジュール熱を利用し，接合部を溶融させる方法であり，薄板の溶接によく利用される．

エレクトロスラグ溶接は，溶融スラグ中に流れる電流のジュール熱・熱対流により電極と母材を溶融させ接合する方法である．

テルミット溶接は，酸化金属とアルミニウムとの間の脱酸反応により発生する化学反応熱を利用して材料を溶融させる方法であり，レールの溶接等に広く利用されている．

B. 上手につなぐための視点

溶接は，金属原子間の強い結合により接合が達成されているため，継手効率 (joint efficiency)[*1] が高く，リベットやボルトによる機械的結合や接着などの化学的結合に比べ，優れた気密性，水密性などの特徴を持っているが，その半面

（1） 局部的な加熱冷却により，溶接残留応力や溶接変形が発生する．また，溶接残留応力は，継手の疲労強度，応力腐食割れなどに悪影響を与えることがある．

（2） 溶接割れ，気孔などの溶接欠陥が発生する場合がある．

（3） 溶接熱により母材の性質が変化し，溶接割れや耐食性劣化の原因となることがある．

（4） 材質として連続性があるため，構造物でいったん脆性破壊が発生すれば，き裂が拡大する．

（5） 溶接金属が被溶接材の間に存在し，継手の強度，耐食性などに影響を

[*1] 継手効率＝(溶接継手の引張り強さ/母材の引張り強さ)×100%（ただし，同種の母材を溶接する場合に限る）．

及ぼす場合がある．

などの問題がある．

したがって，これらの問題点をいかに上手に制御するかが溶接における重要な課題となる．

7.2 溶接の熱伝導

A．溶接熱サイクル

溶融溶接において溶接部には非等温の溶接熱サイクル（weld thermal cycle）が付与されるため，その程度に応じて溶接継手では材料的，力学的性質の変化が起こる．したがって，溶接熱サイクルの中で，① 溶接熱影響部での最高加熱（到達）温度，② 溶接金属や溶接熱影響部での冷却速度，③ 溶融金属の凝固速度などの把握が，熱の影響と溶接部の性質との関係を知る上で重要である．

図 7.3 はアークによる突合せ溶接部の溶接線から離れた母材における典型的な温度変化の実測例を示す．アークが近づくと，いずれの点も時間とともに温度が急上昇し，その後緩やかに冷却している．曲線の極大値が最高到達温度である．母材が受ける溶接熱サイクルは，① 溶接線から離れるほど最高到達温度は急激に低くなり，しかもそれに達するまでの時間は長くなる，② 溶接線から離れるほど加熱・冷却速度が小さくなる，という特徴がある．溶接熱サイクル

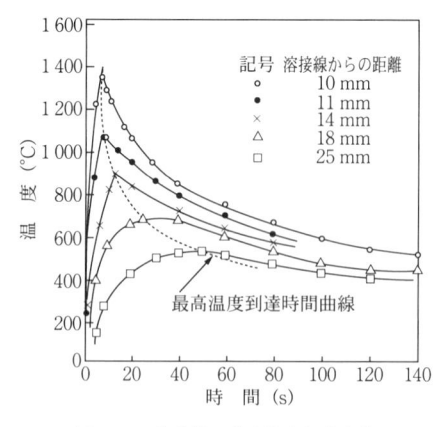

図 7.3 溶接部の典型的な温度変化

の諸量は溶接条件，特に溶接入熱，板の初期温度，板厚，継手形状，材料などの影響を大きく受ける．

B．溶接熱源の特徴

溶接時，母材での熱の流れ方(熱流)は，図7.4に示すように3次元，2次元および1次元熱流に分類することができる．すなわち3次元熱流とは，厚板のアーク溶接などに対応していて，3次元の方向に熱伝導が起こる状態である．2次元熱流とは，裏面まで溶け込んだ薄板の溶接に相当し，z方向の熱の分布が無視でき，x，yの2次元方向に熱伝導が起こる状態である．また，1次元熱流とは，溶接長さが短い場合，高速溶接，界面接合等の場合に相当し，x方向のみの1次元の熱伝導が起こる状態である．

母材へ正味供給される熱量，すなわち真の溶接入熱（net weld heat input）はアーク溶接では

$$Q_{net} = \eta \frac{VI}{v} \quad (\text{J/m}) \tag{7.1}$$

η：熱効率（thermal efficiency），v：溶接速度（m/s），
V：アーク電圧（V），I：溶接電流（A）

で示される．ηはアーク溶接法の種類，アーク長などで異なり，被覆アーク溶接で0.7〜0.85，サブマージアーク溶接で0.9〜1.0程度といわれている[1]．また，母材の得た熱エネルギーは，周囲の母材の加熱にも費やされるため，実質的に

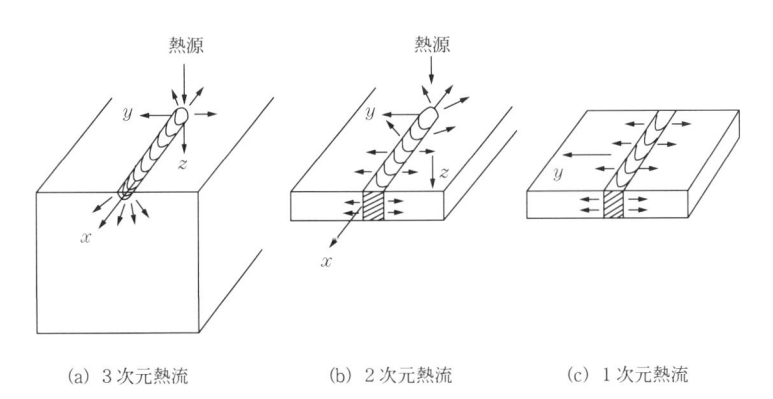

図 7.4　溶接熱源による熱流の模式図
(a) 3次元熱流　(b) 2次元熱流　(c) 1次元熱流

溶接金属の溶融に利用されるのは，例えば鋼の被覆アーク溶接の場合，Q_{net} の 40～50％ といわれている．この割合を溶融効率（melting efficiency）という．

C. 溶接熱伝導モデル

溶接では熱源が移動するため，これを考慮した熱伝導解析が必要である．しかし溶接長さが短い場合や高速溶接の場合には，図 7.5 に示すように近似的には熱が瞬間的に集中して投与されたと見なせる．このような熱源を瞬間熱源（instantaneous heat source）とよび，溶接熱伝導の基本となる．これに対し，移動する熱源を移動熱源（moving heat source）とよぶ．

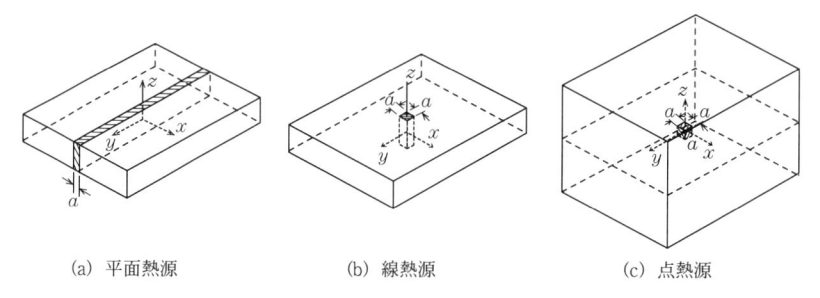

(a) 平面熱源　　(b) 線熱源　　(c) 点熱源

図 7.5　瞬間熱源の基本的な三形式

(a) 瞬間熱源モデル

熱源形態は ① 平面熱源（plane heat source），② 線熱源（line heat source），③ 点熱源（point heat source）に分類される．一般式として，図 7.5 の斜線を付けた幅 a の微小領域の温度が瞬間的に T_m まで上昇した場合の熱源の強さ q が式 (7.2) で与えられるならば，§4.6 で示した，熱伝導方程式 (4.25) を解くことにより溶接部近傍の温度分布が得られる．

$$q = c\rho a^n (T_m - T_0) \tag{7.2}$$

c：比熱，ρ：密度，a：熱源寸法，T_0：初期温度，q：熱源の強さ，n：熱流の次元数（平面熱源：1，線熱源：2，点熱源：3）

式 (7.2) を適用すると，時刻 t，点 (x, y, z) における温度上昇，最高温度に到達する時間，最高到達温度および原点での冷却速度は以下のように与えられる[2]．

(i) 温度上昇の式

$$T - T_0 = \frac{q}{c\rho} \cdot \frac{1}{(2\sqrt{\pi k t})^n} \cdot \exp\left(-\frac{r^2}{4kt}\right) \tag{7.3}$$

(ii) 最高到達温度に到達する時間,t_m

$$t_m = \frac{r^2}{2nk} \tag{7.4}$$

(iii) 最高到達温度,T_m

$$T_m - T_0 = \frac{q}{c\rho}\left(\frac{n}{2\pi e}\right)^{n/2} \cdot \frac{1}{r^n} \tag{7.5}$$

(iv) 原点での冷却速度,R

$$R = 2n\pi k \left(\frac{c\rho}{q}\right)^{2/n}(T-T_0)^{(2/n)+1} \tag{7.6}$$

ここで,k:熱拡散率,T:任意の温度,r:原点からの距離($n=1$のとき$r=y$;$n=2$のとき$r=\sqrt{x^2+y^2}$;$n=3$のとき$r=\sqrt{x^2+y^2+z^2}$)

これらの式からわかるように瞬間熱源による熱伝導では,主として次のような特徴がある.

(1) 熱を投与して時間tが経過した後の熱の広がり範囲はおよそ$r=4\sqrt{kt}$で与えられる.

(2) 最高温度に達する時間は熱源の強さに関係せず,熱源からの距離rの2乗に比例し,熱拡散率kに逆比例する.

(3) 最高到達温度は熱源の強さqに比例するが,熱拡散率kには無関係である.

(b) 移動熱源モデル

アーク溶接などでは,溶融金属と母材の間で熱が授受されるが,その溶融池形状は入熱形態に依存しており複雑である.また,溶融および凝固潜熱の取り扱いの問題などもあり,正確な温度分布を厳密に取り扱うことは難しい.そこで,一般には,溶接熱源を,図7.4(a)の3次元熱流の場合には移動点熱源,(b)の2次元熱流の場合には移動線熱源として取り扱う.

直線上を移動する熱源による熱伝導では,熱源が移動して十分時間がたてば,始点付近でおかれた熱は現在の熱源付近の温度上昇に影響を及ぼさなくなり,移動する熱源の位置を原点とした移動座標系で考えれば,熱源近傍の温度分布

は時間に無関係となる場合が多い。このような状態を準定常状態（pseudo-steady state）とよぶ。この状態では、さまざまな熱定数の温度依存性を無視すれば、瞬間熱源による温度上昇を熱源の移動に合わせ時間差を考慮して加え合わせれば無限板上での移動熱源の場合、次式のような温度上昇の式を求めることができる[3]。

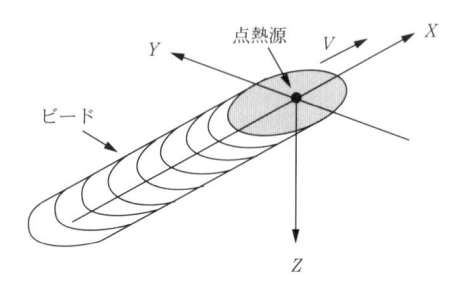

図 7.6 半無限板上を動く点熱源

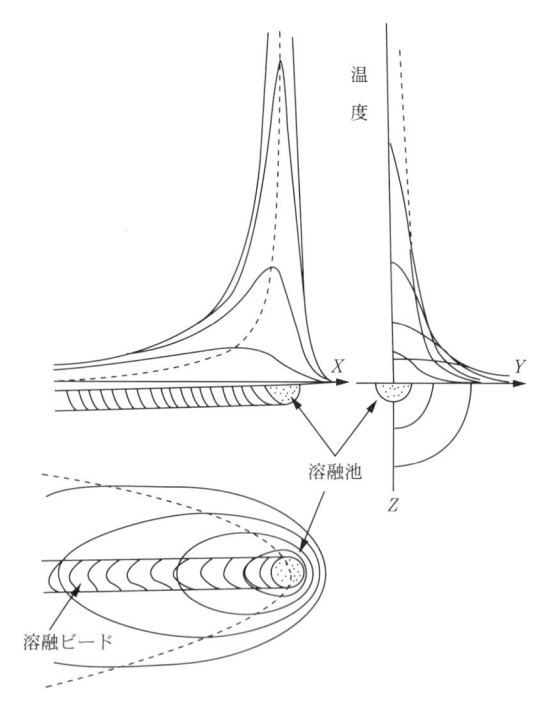

図 7.7 溶接ビード周辺の等温度分布

（ⅰ） 移動線熱源の場合

$$T-T_0=\frac{q}{2\pi c\rho k}\cdot\exp\left(-\frac{vx}{2k}\right)\cdot K_0\left(\frac{vr}{2k}\right) \quad (r=\sqrt{x^2+y^2}) \qquad (7.7)$$

K_0：第2種零次変形ベッセル関数

（ⅱ） 移動点熱源の場合

$$T-T_0=\frac{q}{4\pi c\rho kr}\cdot\exp\left\{-\frac{v}{2k}(x+r)\right\} \quad (r=\sqrt{x^2+y^2+z^2}) \qquad (7.8)$$

なお，図7.6に示すように，母材の上で溶接する半無限板上での移動点熱源の場合には，式（7.8）より，

$$T-T_0=\frac{q}{2\pi c\rho kr}\cdot\exp\left\{-\frac{v}{2k}(x+r)\right\} \qquad (7.9)$$

と書ける．

式（7.9）を用いて図7.7のように，母材上を溶接する移動点熱源の場合の熱源近傍の温度分布状況が計算できる．

7.3 溶接部の組織変化と力学的性質

溶接部は，図7.8に示すごとく，溶接金属(weld metal)，溶接熱影響部(HAZ：weld heat-affected zone) および溶接による熱の影響を受けていない母材(base metal)の領域に分けられる．溶接金属と溶接熱影響部の境界部は，ボンド部とよばれる[*1]．母材と溶接熱影響部の境界は，一般に不明確である．例えば，

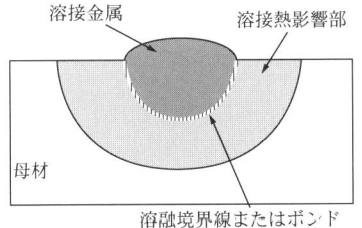

図 7.8 溶接部の分類

[*1] 厳密にはボンド部は不完全混合領域（unmixed zone：完全に溶融した部分であるが溶接金属内の撹拌などの影響を受けず，溶接金属の成分と混合されない領域），部分溶融域（partially melted zone：溶接熱影響部側にあって粒界などが一部溶融した領域）およびその両者の境界の溶融境界（weld interface）で構成される．

鉄鋼では，一般的に溶接熱サイクル過程で，ピーク温度が A_{c1} 変態点温度を越えたところといわれている．しかし，これより低い温度域において，明確な組織変化がないものの，靭性などの機械的性質が変化する領域があり，これも含めて広義の熱影響部とよぶこともある．

A．溶接金属の凝固現象

溶接金属は鋳物と同様に，鋳造組織 (cast structure) を呈している．そのため，凝固過程は，その組織，合金元素のミクロ偏析，気孔および凝固割れの発生，ならびに機械的性質に大きく影響を及ぼす．

図7.9 に示すように，柱状の結晶（柱状晶：columnar crystal）がボンド部より母材と同一結晶方位を持ちながら成長[*1]している．柱状晶は，熱源の移動とともに温度勾配の最も大きな方向，すなわち凝固面に直角方向に成長する．

柱状晶の内部には，凝固条件に依存して，凝固組織[*2]が形成され，その形態が変化する．§6.2 B で説明したように，合金の平衡分配係数が1より小さい場合，凝固界面前方において組成的過冷却が起こり，それの大小により，凝固組織の形態が変化する．組成的過冷却には，固液界面での液相中の温度勾配 G_L，凝固速度 R，溶質濃度 C_0，平衡分配係数 k_0 等が大きく影響を及ぼし，G_L/R と C_0 との関係で図7.10 に示すように，凝固形態が整理される．すなわち，溶質濃度が一定の場合，G_L/R が小さくなるほど組成的過冷却が大きくなりデンドライト凝固組織となる．溶接では溶融池が移動しながら溶接金属が形成されるた

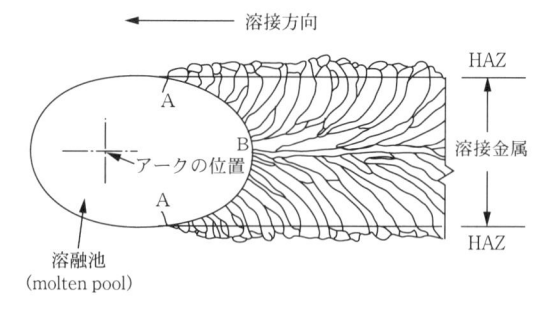

図 7.9 溶接金属中の柱状晶の形成

[*1] 母材の結晶粒を核として成長しており，エピタキシャル成長（epitaxial growth）とよばれる．
[*2] これは，サブ組織（substructure）である．

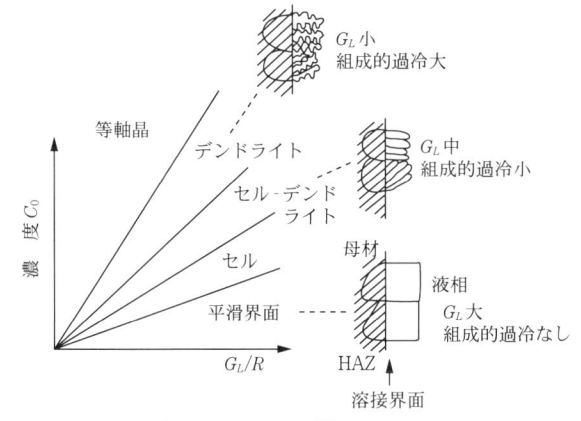

図 7.10 温度勾配 G_L, 成長速度 R, 溶質濃度 C_0 と凝固形態の関係（溶接の場合）

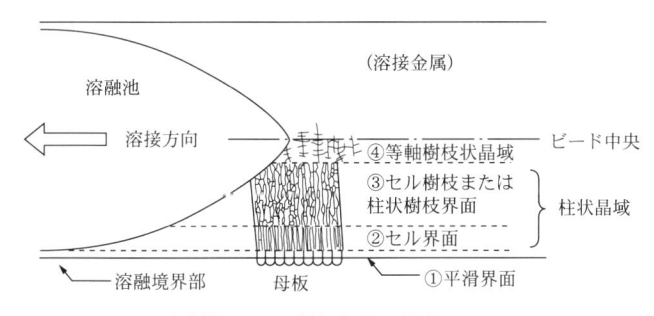

図 7.11 溶接金属中の凝固形態の変化

め，溶接金属中央部と母材近傍部とでは G_L/R が異なり，図 7.11 に模式的に示すように溶接金属中の凝固組織が変化する．

　凝固組織の中で溶質元素の不均一分布，すなわちミクロ偏析（micro segregation）が生じる．この偏析は，溶質元素の液相内での混合や固相内の拡散の程度により変化する．金属の凝固時のミクロ偏析のモデリングは図 7.12 のような場合について行われている．溶接金属の凝固の場合，液相中での溶質元素の完全混合[4]（図 7.12(b)，(c)）を，また，部分混合（図 7.12(d)）を仮定したモデリング[5]が報告されている．

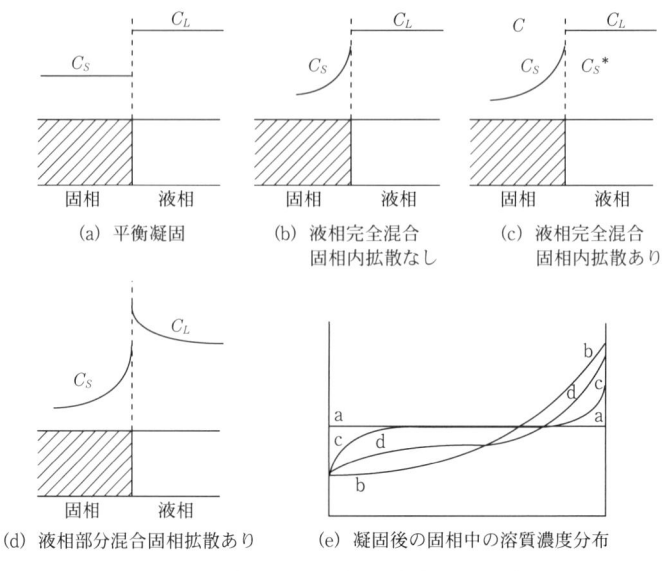

図 7.12　一方向凝固後の固相，液相中の溶質濃度分布

(a) 平衡凝固
(b) 液相完全混合 固相内拡散なし
(c) 液相完全混合 固相内拡散あり
(d) 液相部分混合固相拡散あり
(e) 凝固後の固相中の溶質濃度分布

B．溶接熱影響部の組織変化と力学的性質

軟鋼（mild steel）の溶接熱影響部の組織変化を図 7.13 に模式的に示す．また，図中の①～⑦の各位置に対応した部分の名称，加熱温度範囲およびそれらの領域の特徴を表 7.1 に示す．溶接熱影響部では，図 7.3 に示したような非等温の熱サイクルが付加されるために，ボンド部近傍では，結晶粒径が粗大化し，連続冷却変態した組織が連なる．溶接熱影響部の組織は，それぞれの場所における，最高到達温度，加熱速度および冷却速度に影響される．

溶接熱影響部の組織変化にともない，機械的性質が大きく変化する．鋼の溶接熱影響部での冷却速度は，溶接条件によっては焼入れ時のそれと同程度であるため，溶接熱影響部は著しく硬くなる．板厚 20 mm の Mn-Si 系 490 MPa 級高張力鋼の表面に入熱 1.7 kJ/mm で溶接ビードをおいたときの溶接部の硬さ分布を図 7.14 に示す[6]．溶接金属を横切る A-A′線に沿った硬さ分布では，ボンド部近傍の粗粒域で硬さが最高の値約 450 HV となり，母材の硬さ 200 HV の 2 倍以上である．

粗粒域における硬さの上昇には，母材の化学組成および冷却速度が影響を及

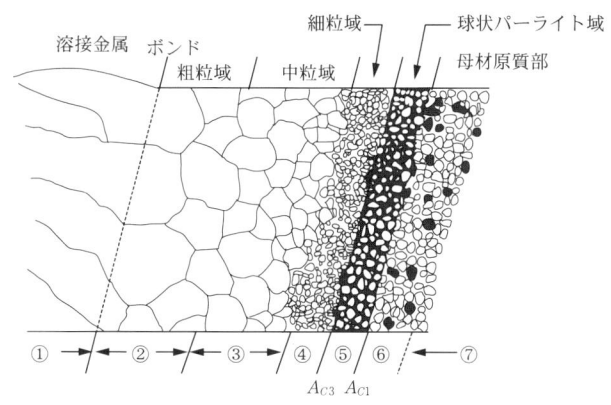

②〜④：オーステナイトに完全に変態する領域
⑤　　：C量が多い部分のみオーステナイトに変態する領域
⑥〜⑦：オーステナイトに変態しない領域

図 7.13 軟鋼溶接熱影響の組織変化の模式図

表 7.1 軟鋼溶接熱影響部の組織の特徴

場所	名　称	加熱温度範囲	特　徴
①	溶 接 金 属	溶融温度 1500°C 以上	溶融凝固した範囲，デンドライト組織を呈する
②	粗 粒 域	>1250°C	粗大化した部分，硬化しやすく割れなどを生じる
③	混粒域（中間粒域）	1250〜1100°C	粗粒と細粒の中間で，性質もその中間程度
④	細 粒 域	1100〜900°C	再結晶で微細化，靭性など機械的性質良好
⑤	球状パーライト域	900〜750°C	パーライトのみが変態，球状化，しばしば高炭素マルテンサイトを生じ，靭性劣化
⑥	脆 化 域	750〜200°C	熱応力および析出により脆化を示すことがある．顕微鏡的に変化なし
⑦	母 材 原 質 域	200°C〜室温	熱影響を受けない母材部分

ばず．したがって，実用的にはこれらの因子の影響を知るため，冷却速度に関しては，800°C から 500°C までの冷却時間，τ で評価する方法が主として採用されている．一方，化学組成に関しては，C 以外の合金元素の影響を等価な C 量に換算した炭素当量 C_{eq} (carbon equivalent) で評価する方法が採られている．式 (7.10) は日本溶接協会の WES 規格で炭素当量として採用されている簡便

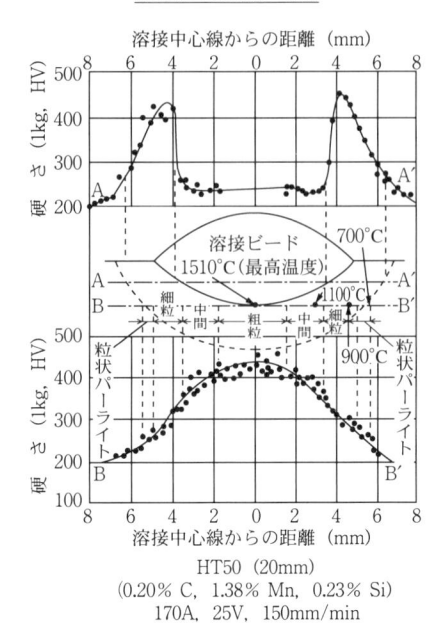

図 7.14 Mn-Si 系 50 キロ高張力鋼（C_{eq}＝0.44%）のビード溶接部（入熱 1.7 kJ/mm）における硬さ分布

な式であり，C_{eq} と HAZ の最高硬さの関係を図 7.15 に示す[7]．炭素当量が大きい鋼ほど硬化しやすく，最高硬さと C_{eq} との関係式として式（7.11）が提案されている．

$$C_{eq} = C + \frac{Mn}{6} + \frac{Si}{24} + \frac{Ni}{40} + \frac{Cr}{5} + \frac{Mo}{4} + \frac{V}{14} \tag{7.10}$$

$$H_{max} = (666 C_{eq} + 40) \pm 40 \tag{7.11}$$

本来，硬さは溶接条件に依存するが，この式にはこれが考慮されていない．そこで，近年，鋼材の成分が C≦0.8%，Si≦1.5%，Mn≦2%，Ni≦9%，Cr≦9%，Mo≦2% の範囲で，τ を用いた精度の高い最高硬さの推定式が提案されている[8]．

図 7.16 は，板厚 20 mm の Mn-Si 系 490 MPa 級高張力鋼（C_{eq}：0.40%）の表面に溶接入熱 1.65 kJ/mm でビード溶接した場合の溶接熱影響部の機械的性質を調べた結果である．ボンドに隣接する粗粒域の引張り強さは，母材の約

第 7 章 溶接・接合

$HV_{max} = (666 C_{eq} + 40) \pm 40$

HW70
HW63
HW56
HW50
HW45

HW45(QT) ($t \leq 50$)
HW50(QT) ($t \leq 50$)
HW56(QT) ($t \leq 50$)
HW63(QT) ($t \leq 50$)
HW70(QT) ($t \leq 50$)

炭素当量 $C_{eq} = C + \dfrac{Mn}{6} + \dfrac{Si}{24} + \dfrac{Ni}{40} + \dfrac{Cr}{5} + \dfrac{Mo}{4} + \dfrac{V}{14}$ %

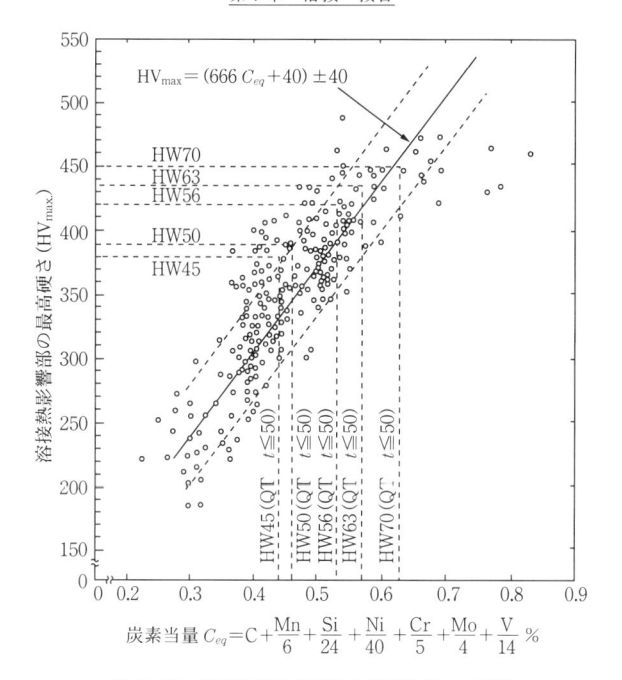

図 7.15　熱影響部最高硬さと炭素当量との関係

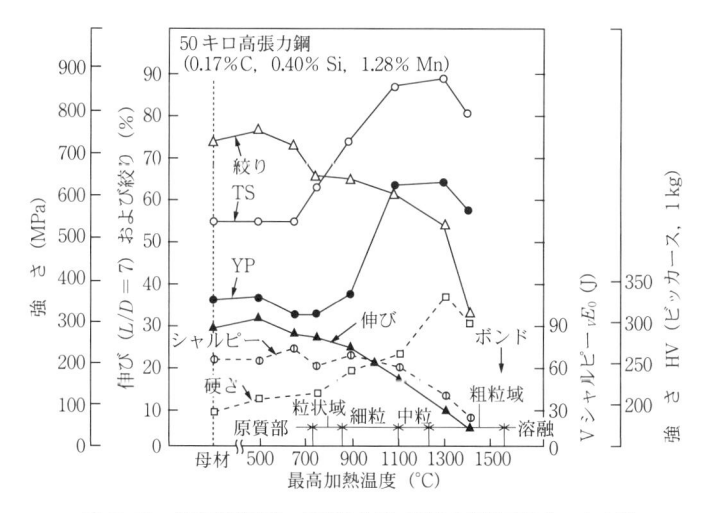

50キロ高張力鋼
(0.17%C, 0.40% Si, 1.28% Mn)

絞り
TS
YP
シャルピー
伸び
ボンド
硬さ
粒状域　細粒　中粒　粗粒域
原質部　　　　　　　　　　溶融
母材

強さ (MPa)
伸び ($L/D = 7$) および絞り (%)
Vシャルピー $_vE_0$ (J)
強さ HV (ビッカース, 1 kg)

最高加熱温度 (℃)

図 7.16　溶接熱影響部の機械的性質（再現熱影響試験片による）[9]

1.6倍となっているが,延性すなわち伸びや絞り値は,母材の約0.4倍となっており,溶接熱影響部では粗粒域の硬化にともない強度は高くなるが延性が低下することがわかる.さらに,溶接熱影響部のV形切欠きシャルピー衝撃試験では,試験温度0℃での吸収エネルギー vE_0 は,母材で約75 J,粗粒域で約24 Jとなっており,溶接熱影響部の粗粒域では靱性も低いことがわかる.このように鋼の溶接熱影響部ではボンド部近傍が最も靱性が低く,これをボンド脆化とよぶ.このボンド脆化の主要因は,結晶粒径の粗大化,ならびに上部ベイナイト組織の形成といわれている.

7.4 溶接部の力学的変化

溶接入熱が局所的に付与されるため,溶接部の力学的変化として,溶接部には,溶接残留応力 (residual stress) や溶接変形 (welding deformation) および収縮 (shrinkage) が発生する.また,収縮を拘束することにより,拘束応力 (restraint stress) も発生する.これらの現象は溶接の大きな問題となる.

A. 溶接残留応力・溶接変形の発生原因

図7.17のように棒とばねが連結され,その両端が剛体壁に固定されたモデルにおいて,棒が加熱・冷却される場合を考える.今,棒の温度が上昇すると,

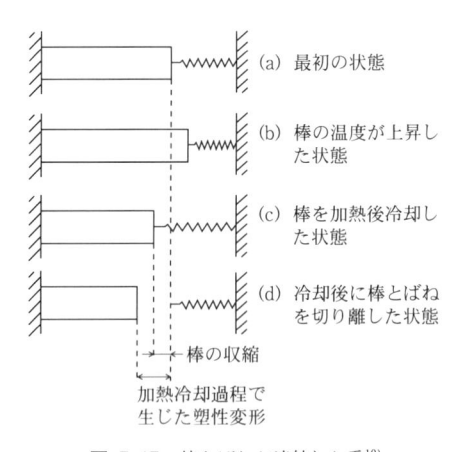

図 7.17 棒とばねが連結した系[10]

図 7.17(b) のように,棒は膨張するため,ばねを押し縮め,その反力で棒に圧縮応力が付加される.棒の温度の上昇とともに圧縮塑性ひずみが増加するため,冷却後の棒の長さは初期の長さより短くなる.棒とばねは連結されているので,図 7.17(c) のように,何ら外力が働かなくても,棒はばねにより引張られ,棒には引張り応力が作用していると同時に棒は初期の状態〔図 7.17(a)〕に比べ収縮している.ここで,冷却後に棒とばねを切り離せば,図 7.17(d) のように,棒とばねの間にすき間が生じるはずである.棒が溶接部,ばねがその周辺の母材部と考えれば,溶接による残留応力・変形の発生原因は,およそ次のように分類される[10].

(1) 溶融金属の凝固時における母板の熱膨張.
(2) 溶接熱サイクルの過程で溶接部付近の母板に生じる圧縮塑性ひずみ.
(3) 溶着金属が凝固してから室温に冷却するまでの間に生じる収縮と圧縮塑性ひずみ.

溶接部が室温に冷却したとき,これらの要因により図 7.17 に模式的に示したように,溶接部付近に固有ひずみ[*1] (inherent strain) とくい違い (dislocation) が生じ,これが図 7.18 に示すような溶接残留応力や溶接変形の原因となる.

図 7.19 は,このような残留応力の発生過程を,実験的に明らかにしたものである.拘束枠中で熱サイクルを受けた軟鋼の応力は,温度上昇にともない,a→b→c→d→e→f→g と変化し,①の場合,約 400 MPa の残留応力が存在することがわかる[12].

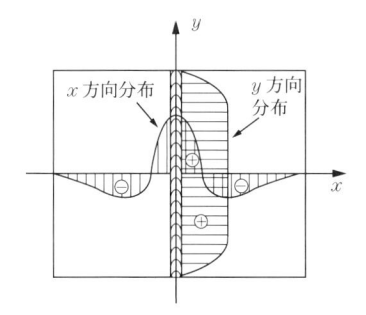

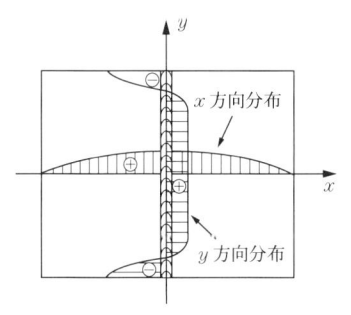

(a) σ_y(溶接線方向の応力)の分布   (b) σ_x(溶接線に直角方向の応力)の分布

図 7.18 広幅の板を溶接した場合の残留応力の分布

---

*1 外力が作用していない状態で物体に存在するひずみ.

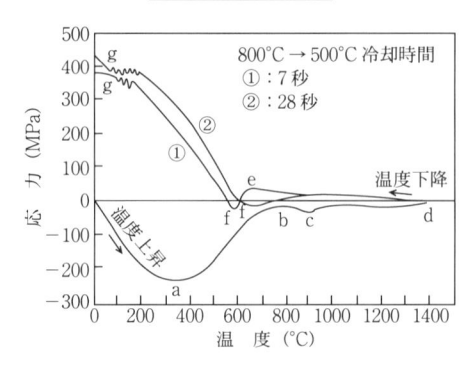

図 7.19 拘束枠の中で熱サイクルを受けた軟鋼の熱応力

溶接残留応力は板内部での拘束だけでなく，外部から拘束することによっても生じる．図 7.20 のように 2 枚の鋼板を突合せ溶接した場合，板の両端を拘束しない場合，収縮変形が生じるが，両端を拘束した場合，溶接線に垂直な方向に引張りの拘束応力が発生する．この拘束応力は，拘束距離が短いほど大きくなり，溶接割れなどに対して重要な力学的影響を及ぼす．

図 7.21 は，アーク溶接した突合せ継手の溶接線方向の残留応力分布の例を示す[13]．これより，溶接部近傍の溶接線方向に高い引張り残留応力が存在し，これと釣り合う圧縮残留応力が溶接部から離れた母材の広い範囲に分布する．これ

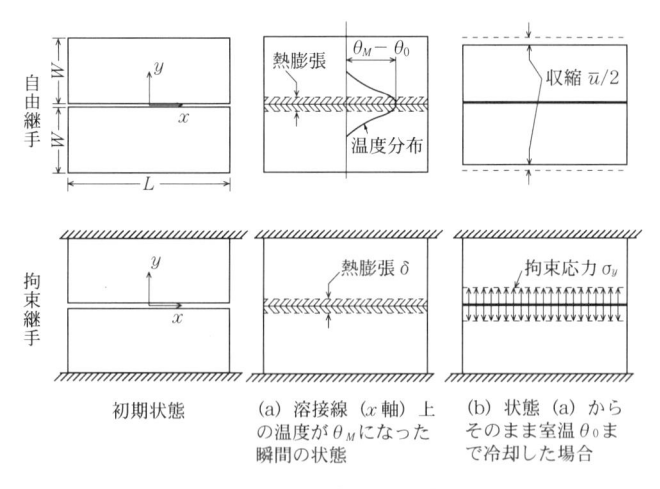

図 7.20 拘束応力の発生

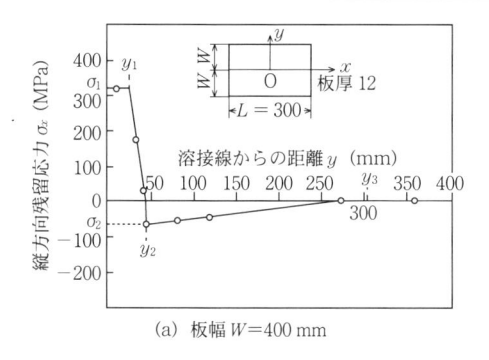

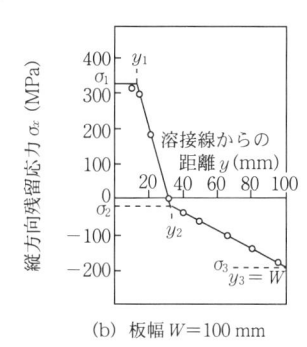

図 7.21 軟鋼板突合わせ溶接継手（CO_2 アーク溶接，溶接入熱 12.6 kJ/cm）の縦方向残留応力分布（○は実験値，─── は x 軸上に瞬間平面熱源を与えた場合の FEM 熱弾塑性解析による計算値）

らの値は，被溶接材の幅 W に依存することがわかる．また，通常，溶接線に直角方向の残留応力は，溶接線方向の残留応力に比べてはるかに小さい．

B. 継手の機械的性質に及ぼす溶接残留応力の影響と緩和策

溶接残留応力は継手の静的強度および疲労強度には一般に大きな影響は及ぼさないが，脆性破壊強度，座屈強度等の低下をまねく恐れがある[14]．また，応力腐食割れ[*1]の発生にも影響を及ぼす．

溶接残留応力は一般に望ましくないので，これを緩和させる必要がある．原理的には溶接部近傍に引張りの塑性変形を与え，残留塑性ひずみの大きさの差を小さくすることによって，溶接残留応力を減少させることができる．これには，次のような方法がある．

(1) 応力除去焼なまし：高温に上げてクリープ変形を利用して残留塑性ひずみの大きさの差を小さくし残留応力を除去する．このような熱処理を応力除去焼なまし（stress relief annealing）という．

一般に，鋼では A_1 変態温度以下の 550～650℃，鋳鉄では 500～550℃，アルミニウム合金では 250～350℃ 程度の温度で保持する．

(2) 過ひずみ法：溶接線方向に引張り荷重をかけると，図 7.18 に示したような溶接線方向の引張り残留応力部は降伏し塑性変形を生じるため，除

[*1] 応力腐食割れ（stress corrosion cracking）とは，腐食環境下で静的応力を受けて起こる割れである．

表 7.2 溶接変形の形態による分類とその防止方法

溶接変形の分類		溶接前あるいは溶接中における防止対策	溶接後の矯正方法
面内	横収縮	横収縮量をあらかじめ見込んだ部材長設計	矯正は困難
	縦収縮	縦収縮量をあらかじめ見込んだ部材長設計	矯正は困難
	回転変形	溶接中の部材拘束	矯正は困難
面外	横曲り変形(角変形)	逆歪 拘束	プレス曲げ 局部線状加熱
	縦曲り変形	逆歪 同時線状加熱	プレス曲げ 局部加熱
	座屈変形	引張り予歪,予熱,およびそれら両者の併用 スティフナの使用 部材板厚の増大	機械的引伸ばし スポット加熱

荷すると引張り残留応力は減少する.
（3） ピーニング：ショットピーニングにより引張り残留応力部に塑性変形を与えると，表面の引張り残留応力は減少する.

C． 溶接変形の分類と防止対策

溶接変形の形態は，溶接線を含む平面内で発生する面内変形（収縮変形）と，3次元的に変形する面外変形（曲がり変形）に大別され，表7.2[15]に示すような諸形態におおむね分類することができる．表中には，それぞれの変形形態に対して，溶接前・溶接施工中に採られるべき対策，また溶接後の矯正方法の例についても示している．すなわち，溶接変形の防止策として，一般的に，面内収縮変形は矯正が困難なため，あらかじめ変形量を見込んだ余長部を設計段階で部材に付加する方法が採られている．一方，面外曲がり変形については，変形量を見込んで溶接する部材にあらかじめ逆方向の歪を与えておく逆歪方法，また溶接中では部材を機械的に拘束する，局部加熱を併用する等で変形の発生を抑制する方法が採られている[16]．また薄板構造で問題となるバックリング（座屈）変形に対しては，引張り予歪，予熱等の溶接前の対策が挙げられる[16]．

7.5　主な溶接欠陥とその発生機構および防止対策

A． 溶接欠陥の分類

不適切な材料選定・設計ミス・不適切な施工条件等で溶接欠陥が生じ，継手強度の低下や，溶接部の損傷をまねく場合がある.

アーク溶接部の主な溶接欠陥は，図7.22および図7.23に示すような気孔（ブローホール，ウォームホール等）・スラグ巻込み・溶込み不良・融合不良・表面形状の不良（アンダカット，オーバラップ，ピット等）および各種溶接割れ（weld cracking）等がある[17]．各溶接欠陥には以下のような特徴がある.

（1） 気　孔：溶融金属中に過飽和に吸収された O, N, H, CO, CO_2 等のガスが凝固中に溶融金属中に排出され気泡となって大気中に逃げるが，逃げ遅れた気泡は，凝固した溶接金属内で気孔となり残留する.
（2） スラグ巻込み：母材との融合部や多層盛溶接の層と層の間にスラグが

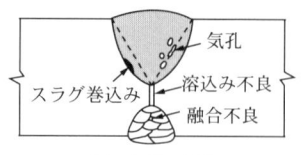

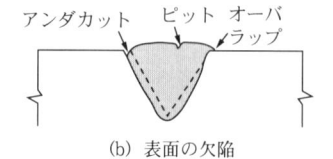

図 7.22 アーク溶接部の欠陥
(a) 内部の欠陥
(b) 表面の欠陥

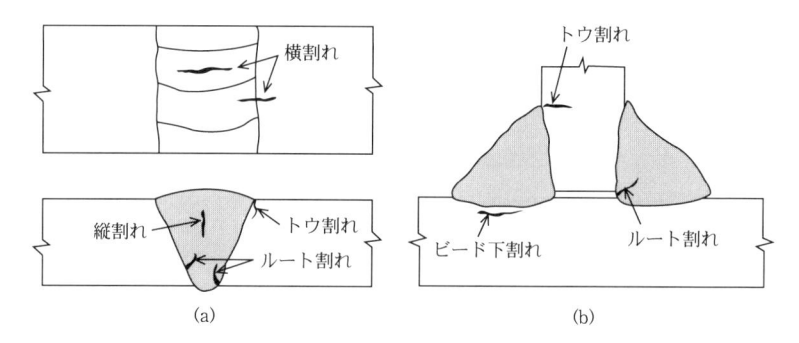

図 7.23 溶接割れの形態

残留したものである．
(3) 溶込み不良・融合不良：溶込み不良は，完全溶込み溶接でルート面が溶融しないで残ったものである．融合不良は，多層盛溶接の中間層でビード表面に大きい凹凸があるとき，ビード表面が完全に溶融せず残ったものである．
(4) 溶接表面形状の不良：アンダカットは，溶接金属に隣接する母材が溶け，そこに溶接金属が満たされずに溝として残ったものである．また，オーバラップは，止端（トウ：toe）に沿って溶接金属が母材の上に舌を出したように突き出たものである．
(5) 溶接割れ：溶接割れは，図 7.23 に示したように，溶接金属に生じる場合と溶接熱影響部に生じる場合とがあり，また，割れの発生時期によっ

て,200℃以上で発生する高温割れ(hot cracking)とそれ以下の温度で発生する低温割れ(cold cracking)とに大別される.溶接割れは継手強度の低下,脆性破壊の原因となる最も有害な欠陥である.

B. 溶接割れ
(a) 高温割れ

図7.24は,金属の高温延性と温度との関係を模式的に示した図である[18].金属は液相が形成される温度域ならびに完全固相温度域において低延性を示す温度域が存在する.前者の低延性域で割れる高温割れと溶接金属の割れは凝固割れ,溶接熱影響部での割れは液化割れという.一方,後者の低延性域で割れる場合を,延性低下割れという.

凝固割れは,溶接金属の凝固過程で§7.3に述べたように,溶質元素が凝固粒界にミクロ偏析し,液相が残留するため,結晶粒界の延性が低下した状態で冷却にともなう引張り変位が付加され発生する.また,液化割れは,溶接熱影響部の結晶粒界に不純物元素や生成相が存在し,溶接熱サイクルにより結晶粒界に局部的に液相が形成され,ここに冷却にともなう引張り変位が付加され発生する.延性低下割れは,結晶粒界に析出物,不純物元素が偏析し,粒界の結合力を低下させるため,ここに冷却にともなう引張り変位が付加され発生する.これらの割れの発生位置を模式的に図7.25に示す.

割れの中で,凝固割れは,最も発生しやすく,鋼のサブマージアーク溶接,ガスシールドアーク溶接など比較的大入熱の溶接金属やオーステナイト系ステ

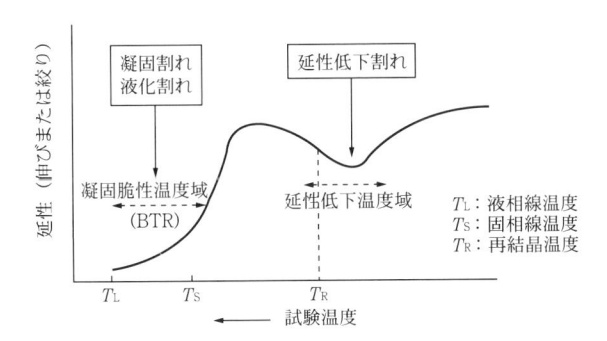

図7.24 高温における金属の延性曲線と割れ発生温度域

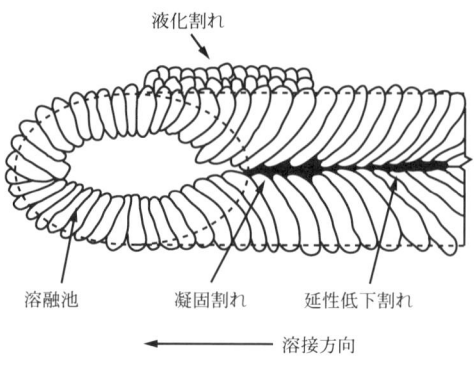

図 7.25 高温割れの発生位置

ンレス鋼の溶接金属などに発生しやすい．割れ発生の防止には，鋼中の不純物元素であるS，P，Siなどの減少，適正な溶接条件の選定等が有効である．

（b）低温割れ

低温割れは，鋼において発生しやすく，鋼では溶接部が約200℃以下に冷却した後に発生・伝播することが多いが，溶接後，数時間から数日を経て発生する場合もあり，遅れ割れともよばれる．

割れは，図7.23に示したビード下割れ・トウ割れ・ルート割れなどのように，溶接熱影響部の硬化部で，応力集中が高い場所に発生しやすい．高強度の溶接金属を用いた場合，溶接金属で発生する場合もある[19]．割れは，結晶粒内を横切る粒内破壊を呈する場合が比較的多い．また，破面形態は，材料の強度レベル，拡散性水素量などに依存するが，擬へき開破面といわれている[20]．

割れ発生に影響を及ぼす主因子は，硬化組織，高負荷応力ならびに溶接金属に溶解した拡散性水素である．拡散性水素は，冷却中に拡散して，溶接熱影響で硬化した止端部やルート部などの応力集中部に集まり，ここに働く応力の作用で割れが発生する．

低温割れの防止には，割れ発生の主因子を制御する必要がある．すなわち，

（1）溶接金属に吸収される拡散性水素量を低減させる．

（2）溶接部が100℃程度の比較的低温に冷却するまでの冷却時間を長くし，この間に溶接金属の拡散性水素を大気中へ逃がす．

（3）溶接継手の拘束が小さくなるような継手設計上の配慮をする．

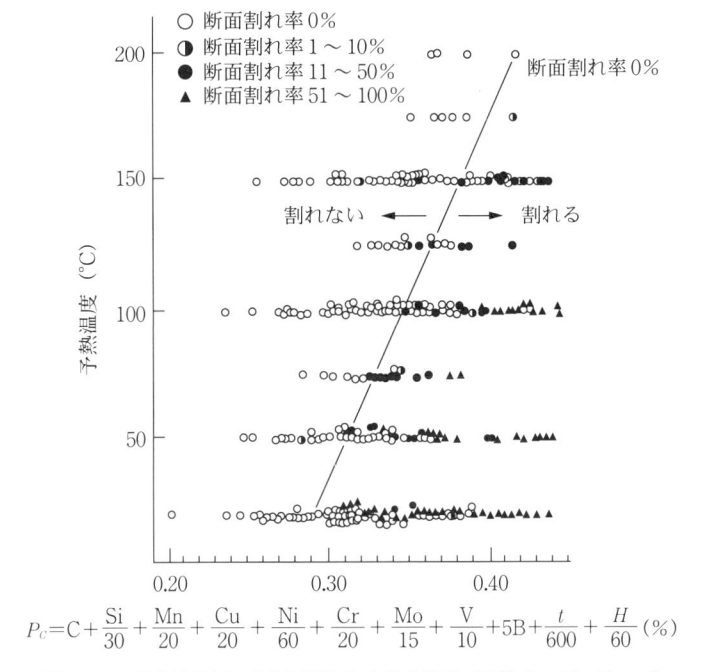

図 7.26 溶接低温割れ感受性指数 P_C と予熱温度の関係（$t=16\sim 50$ mm）

$$P_C = C + \frac{Si}{30} + \frac{Mn}{20} + \frac{Cu}{20} + \frac{Ni}{60} + \frac{Cr}{20} + \frac{Mo}{15} + \frac{V}{10} + 5B + \frac{t}{600} + \frac{H}{60} \, (\%)$$

（4） 溶接熱影響部の硬化性と低温割れ感受性の低い鋼を用いる.

低温割れ感受性を予測する指標，P_C として式 (7.12) が提案されている．これは，鋼材の硬化性を示す指標 P_{CM}，拡散性水素量〔H〕(ml/100 g) および負荷応力の大小を決める拘束度と関連する板厚 t(mm) を使用している．

$$P_C = P_{CM} + \frac{t}{600} + \frac{H}{60} \tag{7.12}$$

$$P_{CM} = C + \frac{Si}{30} + \frac{Mn}{20} + \frac{Cu}{20} + \frac{Ni}{60} + \frac{Cr}{20} + \frac{Mo}{15} + \frac{V}{10} + 5B \tag{7.13}$$

初層溶接のルート割れを防止するための予熱温度と P_C との関係が実験的に図 7.26 のように出されており，この図を用いて割れ防止予熱温度を推定することができる[21]．

7.6　界面接合における技術課題

　部材の接合方法には，原理的には前述した溶融溶接法のほかに，接合する両材料を密着させ，固相のままで両材料を接合する固相接合法，被接合部に低融点の液体金属を挿入し，これを凝固させることにより両材料を接合する，液相・固相反応接合法があり，これらの接合方法を総称して界面接合法ということができる．これらの接合方法には，図 7.27 に示すような方法がある．

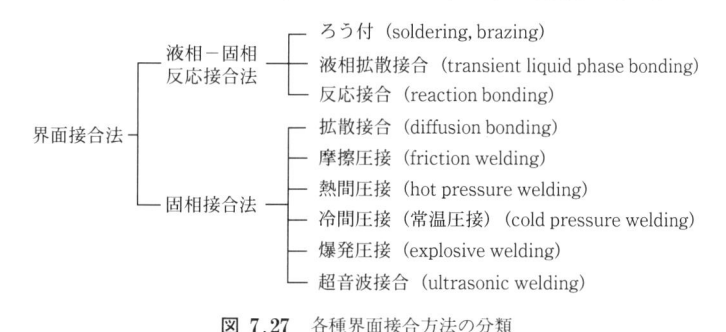

```
                  ┌─液相-固相   ┌─ ろう付（soldering, brazing）
                  │ 反応接合法  ├─ 液相拡散接合（transient liquid phase bonding）
                  │             └─ 反応接合（reaction bonding）
  界面接合法 ─────┤
                  │             ┌─ 拡散接合（diffusion bonding）
                  │             ├─ 摩擦圧接（friction welding）
                  │             ├─ 熱間圧接（hot pressure welding）
                  └─固相接合法 ├─ 冷間圧接（常温圧接）（cold pressure welding）
                                ├─ 爆発圧接（explosive welding）
                                └─ 超音波接合（ultrasonic welding）
```

図 7.27　各種界面接合方法の分類

A．主な固相接合法と上手に接合するための視点

　固相接合法の中で，特に広く利用されている接合法として，拡散接合，摩擦圧接，熱間圧接などが挙げられる（図 7.28 参照）．

　拡散接合は，平滑で清浄な接合面を接触させて加熱し，接触面での金属原子の相互拡散を促進させて接合する方法である．普通には，接合温度として母材の融点の 0.7～0.8 程度を選び，接合面の凹凸が圧しつぶされる程度に加圧した状態で長時間保持し接合する．

　摩擦圧接は，接合面同士を加圧した状態で一方を回転させ，接触面に生じる摩擦熱を利用して接合する方法である．摩擦により接合面の酸化物が機械的に急速に破壊され，真正な接合面が現れた状態で，しかも適当な温度に加熱されたとき加圧することにより接合する方法である．

　熱間圧接は，接合面付近を適当な温度に加熱し塑性変形しやすい状態で圧力を加えて接合する方法である．ガス炎・ジュール熱・高周波誘導加熱などを利

用して加熱を行う．ガス圧接は，鉄筋の溶接や鉄道レールの溶接等に用いられている．

固相接合では，方法の違いはあっても，接合面の汚染層の除去および表面の密着化の2つの過程が良好な接合継手を得る上できわめて重要である．

一般に金属材料の表面は，研削・研磨などの加工を行っても，微細な凹凸があり，表面には酸化皮膜や水分の吸着層が存在する．特に，酸化皮膜は数 nm の厚さがあり，最も除去が困難で，接合継手強度に悪影響を及ぼす．したがって，酸化皮膜を破壊するためには，接合面の凹凸を圧しつぶすことにより，機械的に破壊させるか，拡散接合の場合のように，真空あるいは不活性ガスなどの保護雰囲気中で，被接合部材を突き合わせ，十分な時間保持し，酸化皮膜の分解・消滅を行う[22]．また，接合面の密着は，前述したように，母材が軟化し始める温度以上（母材の融点の 0.7〜0.8）で加圧すれば，比較的小さい加圧力で達成できる．

固相接合は，異種金属間の接合に適しているといわれている．これは，固相接合過程が，異種金属間の熱的性質（融点，熱伝導度等）および電気的性質の差に影響されないこと，接合界面での反応が制御しやすいことなどのためと考えられる．しかし，異種金属間の接合では，接合界面に金属間化合物層が形成される場合が多く，接合継手強度には金属間化合物層の厚さのみならず，それを構成する相の特性あるいは内部構造が重要な影響を及ぼすといわれている[23]．

B．主な液相・固相反応接合法と上手に接合するための視点

液相・固相反応接合法の中で特に広く利用されている接合法として，ろう付，液相拡散接合などが挙げられる．図 7.28 にその原理図を示す．

ろう付は，母材よりも融点の低い金属を溶融し，母材の間隙にこの低融点溶融金属を流し込み，接合面に溶融金属が"ぬれる"ことによって接合する方法である[24]．したがって，溶融金属の母材への"ぬれ(wetting)"の良否が上手に接合するための重要な因子である．このため，ぬれを阻害する接合面の酸化皮膜の除去は，固相接合と同様に重要なプロセスであり，清浄な金属表面をつくるためにフラックスを使用したり，還元性・不活性・真空などの雰囲気中で母

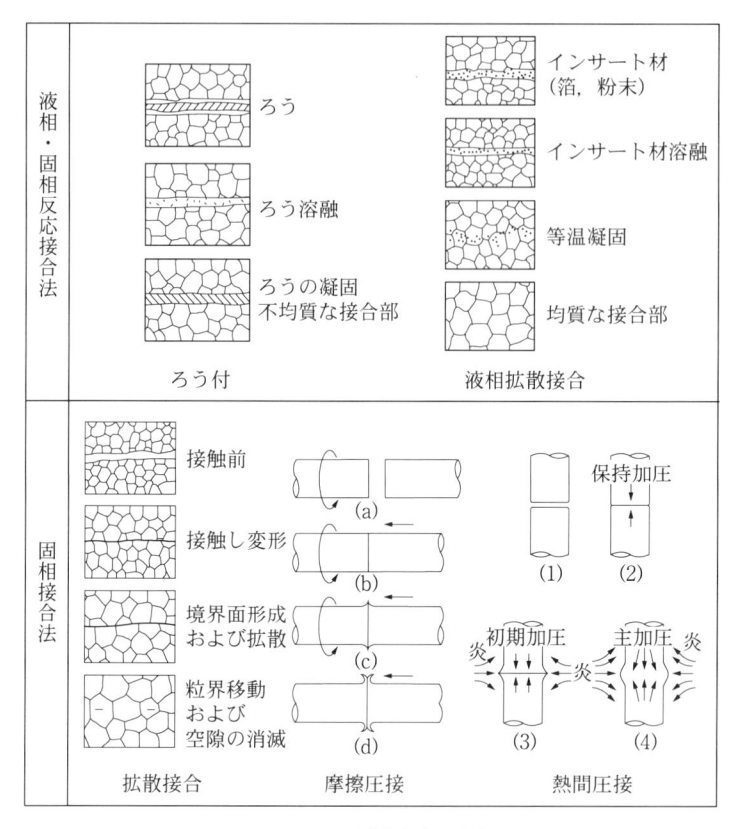

図 7.28 界面接合方法の模式図

材を加熱する．さらに，溶融ろうの中に母材金属の原子が溶解し，界面に合金を生成させ，冷却後の結合力を上げることにより，継手強度を向上させる．

　液相拡散接合法は，ろう付と拡散接合法の両方の長所を生かした接合法といえる．母材より低い融点のインサート金属を母材間に挟み，インサート金属が溶融する温度で一定に保持すると，保持中に，インサート金属と母材との間で反応が起こり，母材が一部溶解した後，溶融したインサート金属が次第に消滅し，接合が達成される．これは，インサート金属中の溶質元素が母材側へ拡散流出するために起こる現象であり，等温凝固（isothermal solidification）とよばれる[25]．インサート金属によって液相を形成するが，ろう付と比べて，接合部での原子の拡散現象を積極的に利用し，母材の一部を溶融させること，等温凝

固させること,および組成の均一化を行うことなどにより,母材と同様な金属組織となり,接合強度を母材レベルまで向上できるという特徴がある.

[演習問題]

1. 溶接の利点,欠点について述べよ.
2. 溶接に用いられる各種熱源を列挙し,その特徴を述べよ.
3. 無限固体に瞬間熱源が投与され時間 t が経過した後の熱の広がり範囲はおよそ $r = 4\sqrt{kt}$ で表されることを導け.
4. 半無限固体の表面で,x 軸方向に強さ q の点熱源が速度 v で移動し,温度分布が準定常状態にあるとき,熱源の移動線上での溶融池の長さを求めよ.ただし,$T_f = \theta_f$,θ_0,θ_f:溶融温度,θ_0:初期温度とする.
5. 溶接金属中の凝固組織が図 7.11 のごとくなる理由を説明せよ.
6. 図 7.12 (b) のような凝固条件では,固相内の溶質濃度 C_s は,$C_s = k_0 C_0 (1-f_s)^{k_0-1}$ で表される.この式を Scheil の式とよぶ.ただし,k_0:平衡分配係数,C_0:液相の初期溶質濃度,f_s:凝固率($f_s = 1$ のとき,完全凝固する).この式を導出せよ.
7. C:0.2%,Mn:1.50%,Si:0.3% の Mn-Si 系高張力鋼を溶接入熱 1.7 kJ/mm で溶接する場合の HAZ の最高硬さを求めよ.
8. 図 7.17 に示した長さ l,断面積 A の棒とばねからなる系において,棒の温度が初期温度から T 上昇したとき,棒に生じる熱応力と棒の見かけの長さ変化を求めよ.
9. 高張力鋼の溶接においては,通常予熱を行う.この理由を述べよ.また,板厚 30 mm で,化学組成 C:0.10%,Si:0.24%,Mn:1.01%,Ni:0.96%,Cr:0.72%,Mo:0.68%,Cu:0.27%,Al:0.11%,Ti:0.021%,V:0.11% の高張力鋼板を低水素系溶接棒(初期水素量:1.5 ml/100 g)を用い,溶接入熱 1.7 kJ/mm で溶接する場合,どの程度の予熱温度が必要か述べよ.
10. 液相拡散接合過程では,一定温度で,ある時間保持すると,インサート金属が溶融した後,凝固するいわゆる等温凝固現象が起こる.この機構を説明せよ.

参 考 文 献

1) 安藤,長谷川:溶接アーク現象(増補版)(産報出版,1973),p.358

2) 佐藤, 向井, 豊田：溶接工学（理工学社, 1979), p. 34
3) 黄地：溶接・接合プロセスの基礎（産報出版, 1996), p. 63, 64
4) S. A. David and J. M. Vitek : Inter. Materials Review, Vol. 34 (1989), p. 213
5) 松山, 西山：溶接学会論文集, 3 (1985), p. 74
6) Kihara, H., Suzuki, H. and Tamura, H : Researches on Weldable High Strength Steels, 造船協会 60 周年記念叢書, No. 1 (1957), Chap. 4
7) 日本溶接協会編：溶接構造用高張力鋼板規格, WES-135 (1964)
8) N. Yurioka et. al.: Met. Const., 19 (1987) 4, p. 217 R
9) 日本溶接協会鉄鋼部会 BE 委員会編：溶接構造用鋼板のボンド脆化に関する共同研究, 総合報告書 (1974)
10) 佐藤, 向井, 豊田：溶接工学（理工学社, 1979), p. 63
11) 溶接学会編：溶接・接合技術概論（産報出版, 2000), p. 201
12) 佐藤, 松井, 町田：高張力鋼溶接部における熱応力の発生過程と残留応力, 溶接学会誌, 35 (1966) 9, p. 780
13) 佐藤, 寺崎：構造材料の溶接残留応力分布におよぼす溶接諸条件の影響, 溶接学会誌, 45 (1976) 2, p. 150
14) 渡辺, 佐藤：溶接力学とその応用（朝倉書店, 1973), p. 328
15) 古賀：最近のステンレス鋼溶接施工技術の実際とその応用に関する講習会テキスト, （社）日本溶接協会特殊材料溶接研究委員会編, p. 59
16) 溶接学会編：溶接・接合技術概論（産報出版, 2000), p. 320-322
17) 佐藤：溶接・接合工学概論（理工学社, 1992), p. 82
18) 松田：溶着鋼の凝固とその関連現象, 西山記念技術講座資料 (1980), p. 1-43
19) 篠崎：HY 系高張力鋼溶接金属の低温割れに関する基礎的研究, 大阪大学工学部博士論文 (1985), 11 月
20) 鈴木：鋼材の溶接割れ（低温割れ）, 溶接学会技術資料 No. 1, (1976), 3 月, p. 82
21) 日本溶接協会：溶接構造用高張力鋼板の溶接割れ感受性組成に関する規格, WES-135-1972, 溶接技術, (1973) 7, p. 113-116
22) 大橋, 田沼, 木村：溶接学会論文集, 4 (1986), p. 53
23) 小林, 西本, 池内：材料接合工学の基礎（産報出版, 2000), p. 187
24) 岡根：溶接要論（理工学社, 1992), p. 30
25) D. S. Duvall, W. A. Owczarski, D. F. Paulonis : Weld. J., 53 (1974) 4, p. 203

8 粉体加工

> 粉体加工は，粉体を型に入れて圧力などを加えて成形した後，熱を加えて固化する加工法の一つである．本章では，粉体加工において重要な粉体の特性とその成形法および焼結理論に基づく組織の予測とその制御法について説明する．

8.1 粉体加工における技術的課題

A．主な粉体加工法

金属粉末，セラミック粉末などの粉体を用いて部品を製造するためには，粉体成形時に適切な応力，焼結時に適切な温度（$T > T_m$, T_m：融点）が必要で，これら2つの因子を制御することが重要である．粉体加工では，

① ニアネットシェイプ（Near-Net-Shape）の部品が得られる
② 大量生産できる
③ 融点や比重の差が大きいため溶解法では製造困難な材料が得られる

などの特長があるため，自動車用部品をはじめ種々の分野の部品製造に適用されている重要な加工法の一つである．

粉体加工の工程は，一般的には粉体混合⇒成形⇒焼結⇒後加工からなっている．このような粉体の加工法は，成形プロセスの違いにより分類できる（図8.1参照）．

(1) 金型成形（die compaction）：金型に粉末を充填して単軸圧縮成形する方法（図8.1(a)）．
(2) 熱間加圧成形（ホットプレス；hot pressing）：金型に粉末を充填して単軸圧縮成形と焼結を同時に行う方法．
(3) 冷間静水圧成形（CIP；cold isostatic pressing）：粉末を変形しやすい成形型に充填して，室温において静水圧で成形する方法（図8.1(b)）．
(4) 熱間静水圧成形（HIP；hot isostatic pressing）：粉末を薄肉容器に真

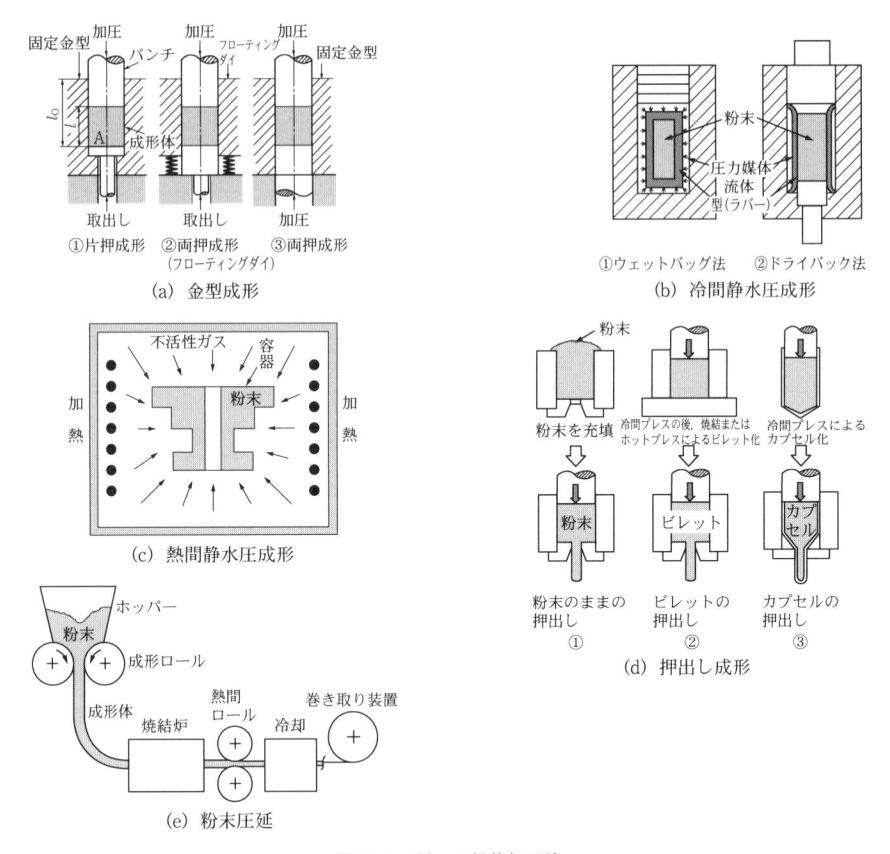

図 8.1 種々の粉体加工法

空封入して，高温で高圧ガスによる静水圧成形と同時に焼結を行う方法（図 8.1(c)）．

（5） 押出し成形（extrusion）：所望の断面の金型オリフィスを通して，粉末のビレットあるいはカプセルに入れた粉末を押出す方法（図 8.1(d)）．

（6） 粉末鍛造（powder forging）：熱間鍛造によって粉末を成形する方法．

（7） 粉末圧延（powder rolling）：回転する二つのロール間に粉末を供給して連続的に成形・焼結する方法（図 8.1(e)）

（8） 射出成形（injection molding）：粉末にワックスや樹脂を混合したバインダを加えてペレットをつくり，射出成形機により金型成形する方法で

第 8 章　粉体加工

図 8.2　粉末射出成形法による製品例

　ある．成形後，バインダを除去する脱バインダ工程が必要となる．製品例を図 8.2 に示す．
そのほか，特殊な熱源を利用した加工法も開発されている．
(9)　放電焼結（electric discharge sintering）：一般的には，粉末を黒鉛型に入れて加圧下で高電圧・大電流あるいは低電圧・大電流で通電して短時間で焼結する方法である．低電圧でパルス状に大電流を流す場合には，パルス通電焼結（pulsed current sintering）という．難焼結材料や新材料を比較的簡単に焼結できる有効な方法である．
(10)　レーザ焼結（laser sintering）：レーザビームを熱源として，粉末粒子に直接レーザを照射することにより溶融して焼結する方法とバインダを溶融して粉末粒子を結合させて成形体を得た後，焼結する方法とがある．後者の代表例として，図 8.3 に示す選択的レーザ焼結（selective laser sintering，SLS）法がある．

B．上手に粉体加工するための視点
粉体加工を行うために重要な視点を列記すると次のようになる．
①　粉末の特性をよく知る．
②　製品にあった成形法を選択する．

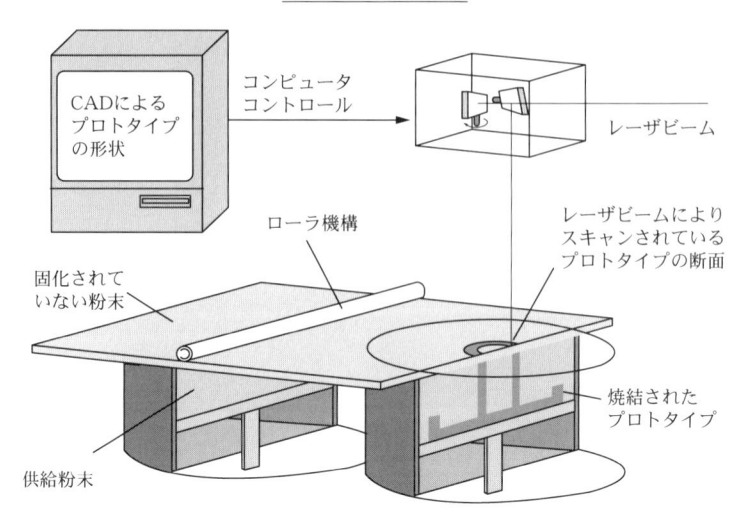

図 8.3 選択的レーザ焼結法（テキサス大学・Prof. Bourell の好意による）

③ 型の設計法と成形条件を十分検討しておく．
④ 焼結の条件を十分検討しておく．

これらのことを満足した上で，エネルギー消費が少なく，材料費が安いなどコストが低くかつ製品の材質や形状に合った加工法や条件を選択する．

8.2 粉体の特性と粉体成形

A．粉体の製造法とその特性

粉末（powder）の形状，粒度分布などの特性はその製造法の違いから生じ，これらの特性が成形および焼結特性に大きく影響する．このため，粉末の製造法とその粉末の特性を十分知っておくことは重要である．

粉末の製造法は (1) 機械的製造法，(2) 化学的製造法，(3) 電気分解法および (4) アトマイズ法に大別される．

(1) 機械的製造法：脆性材料に衝撃を与え粉砕して粉末を作る典型的な方法で，ボールミルなどが利用される（図 8.4(a)）．また，アルミニウム粉末のように機械加工により切削されて作られる場合もある．さらに，撹拌ボールの機械的撹拌を利用して合金化し，特殊な合金粉末を作るメカ

第 8 章 粉体加工

ニカルアロイング(MA；mechanical alloying)などがある(図 8.4(b))．
(2) 化学的製造法：固相，液相および気相反応を利用して粉末を製造する方法で，水素中で FeO のような酸化物の還元による方法，カーボニル法とよばれる液相と気相反応を組み合わせた方法で，一酸化炭素と反応させて作ったカーボニル鉄 $Fe(CO)_4$ あるいはカーボニルニッケル Ni

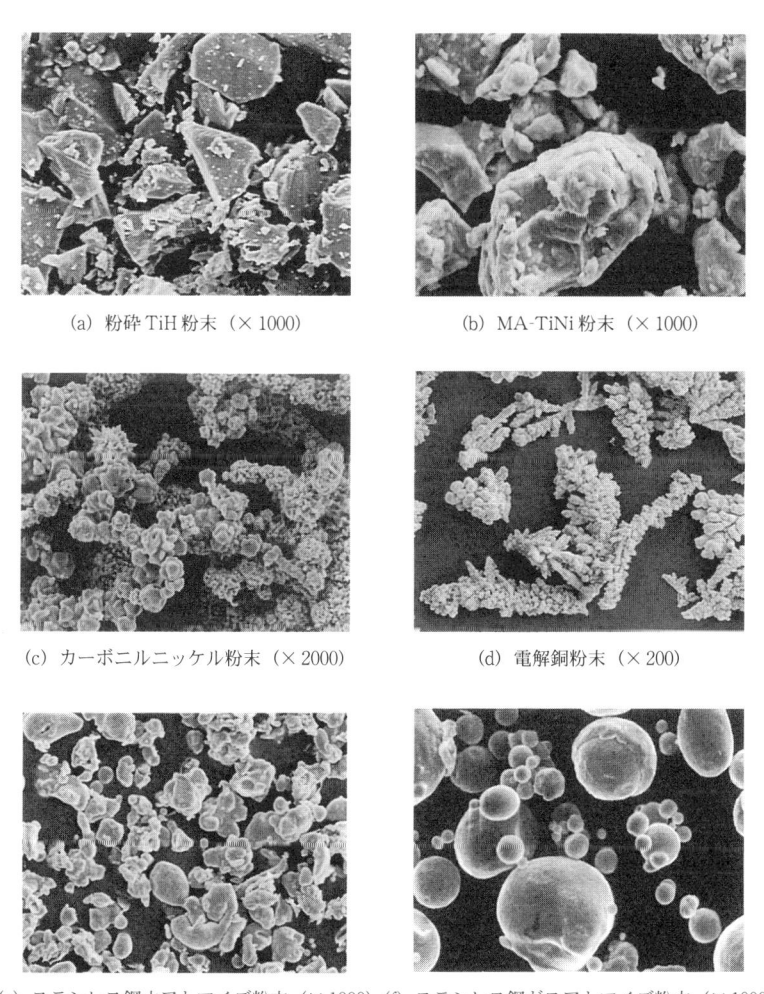

(a) 粉砕 TiH 粉末（×1000）

(b) MA-TiNi 粉末（×1000）

(c) カーボニルニッケル粉末（×2000）

(d) 電解銅粉末（×200）

(e) ステンレス鋼水アトマイズ粉末（×1000）

(f) ステンレス鋼ガスアトマイズ粉末（×1000）

図 8.4　各種粉末の形状

(CO)$_4$ を加熱して，鉄あるいはニッケル粉末を製造する方法などがある（図 8.4(c)）．
(3) 電気分解法：電解槽中で電気分解により陰極に粉末を析出させて，銅，鉄，パラジウムなどの高純度の粉末を製造する方法である（図 8.4(d)）.
(4) アトマイズ（噴霧）法：溶融金属をノズルから高速で不活性ガスとともに噴霧して粉末を製造する方法（ガスアトマイズ法）とジェット噴霧水により粉末を製造する方法（水アトマイズ法）とがある．ガスアトマイズ粉末は図 8.4(f) に示すように球状であるのに対して，水アトマイズ粉末は，図 8.4(e) に示すように形状が不規則となり，また粉末表面が酸化しているため，成形および焼結特性において球状のガスアトマイズ粉末より劣る．そのほか，遠心力により溶融金属を細かく飛散させる遠心アトマイズ法などがある．

図 8.4 からもわかるように，製造法により粉末の形状は大きく異なる．これに伴って粉末の充填状態を示す**タップ密度(tap density)**[*1] が異なり，これが最終製品の密度や形状精度に大きな影響を及ぼす．

B．粉体成形の基礎理論

粉体を金型により圧縮成形する場合には，成形体内の圧力分布や成形応力を知っておくことが重要である．この際には，粉体と金型壁との摩擦が問題となる．

[粉体の単軸圧縮成形]

図 8.5 に示すような断面積 A，直径 d および高さ h の円柱状成形体に成形圧力 p を加えると，粉体と金型壁との摩擦により圧力は低下していく．ある位置における厚さ dh の成形体の上下における圧力差を dp，側面における摩擦力を f とすると，

$$dp = -f/A = -4\mu k p\, dh/d \tag{8.1}$$

が成り立つ．ここで，μ は粉体と金型壁間の摩擦係数で，k は軸方向の圧力 p と半径方向の圧力 p_r の比で，$k=p_r/p$ である．したがって，成形体の任意の位置 x における圧力は，

$$p_x = p\exp(-4\mu k x/d) \tag{8.2}$$

[*1] タップ密度：粉体を容器に入れて振動を与えた後に測定する密度．

第8章 粉体加工

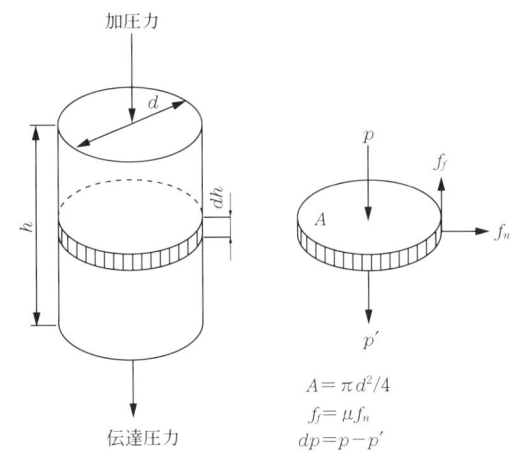

図 8.5 金型成形時の力の釣り合い[1]

$A = \pi d^2/4$
$f_f = \mu f_n$
$dp = p - p'$

で与えられる．この式は片押成形に適用でき，圧力が粉体の深さに依存して低下することを示している．したがって，成形時には成形体の直径や高さ，すなわち成形体の形状に依存するので製品設計の際には注意が必要である．

8.3 焼結理論に基づく組織の予測とその制御

A．固相焼結

粉体を成形した後に，加熱して粉体粒子を結合させることを焼結(sintering)という．焼結は液相の存在の有無により固相焼結 (solid-phase sintering) と液相焼結 (liquid-phase sintering) に分けられる．

固相焼結の過程は図8.6のように大きく3段階に分けられ，(1) 初期段階では粉体の粒子間の結合とネック成長，(2) 中間段階では空隙の分断・孤立化および結晶粒の成長開始，(3) 最終段階では，さらに空隙の球状化・孤立化および結晶粒の成長が促進される．初期段階では，粉末の持つ高い表面エネルギーを駆動力として原子の移動が起こり，焼結が進行する．図8.7のように，① 粘性流動（ニュートン流動），② 塑性流動（定常クリープ則），③ 蒸発・凝縮（ラングミュアの吸着等温式），④ 体積拡散，⑤ 粒界拡散，⑥ 表面拡散による原子の移動が考えられており，ごく初期の段階では，①，②および③によりネックが

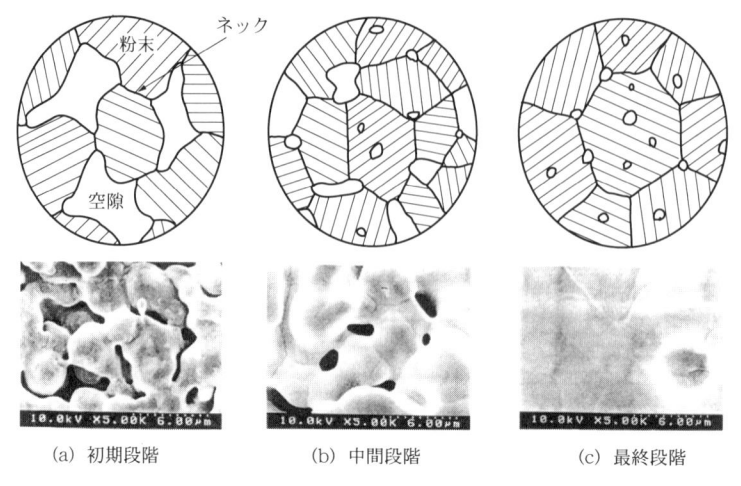

(a) 初期段階　　(b) 中間段階　　(c) 最終段階

図 8.6　固相焼結の過程

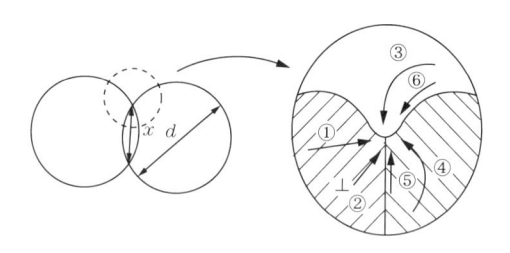

図 8.7　初期段階の焼結機構

生成され，その後④，⑤および⑥により焼結が進行していく．どのような，機構によりネック成長が起こるかは，一般的に，ネックサイズ比 (x/d) と焼結時間 t の関係，

$$(x/d)^n = Kt/d^m \tag{8.5}$$

により知ることができる．ここで，x はネック直径，d は粒子直径，t は焼結時間および K は定数である．各焼結機構に対応する n, m および K の値は表 8.1 に与えてある．

中間段階では，体積および粒界拡散が支配的となり，空隙の球状化・孤立化および結晶粒成長が進む．結晶粒径 g の変化は

$$g^3 - g_0^3 = K't \tag{8.6}$$

で表される．ここで，g_0 は $t = t_0$ における粒径，t は焼結時間および K' は定数

第8章 粉体加工

表 8.1 ネック成長速度式の定数[1]

機　構	n	m	K
粘性流動	2	1	$3\gamma/(2\eta)$
塑性流動	2	1	$9\pi\gamma b D_v/(kT)$
蒸発-凝縮	3	1	$(3P\gamma/\rho^2)(\pi/2)^{1/2}(M/(kT))^{3/2}$
格子（体積）拡散	5	3	$80D_v\gamma\Omega/(kT)$
粒界拡散	6	4	$20\delta D_b\gamma\Omega/(kT)$
表面拡散	7	4	$56D_s\gamma\Omega^{4/3}/(kT)$

記号
γ＝表面エネルギー　　　D_v＝体積拡散係数
η＝粘性　　　　　　　　D_s＝表面拡散係数
b＝バーガースベクトル　　D_b＝粒界拡散係数
k＝ボルツマン定数　　　　P＝蒸気圧
T＝絶対温度　　　　　　　M＝分子量
ρ＝理論密度　　　　　　Ω＝原子体積
δ＝粒界の幅

である．

　最終段階では，孤立化した空隙の凝集粗大化が起こる．すなわち，小さな空隙は消滅あるいは大きな空隙に吸収され，孤立空隙の数は減少するとともに，孤立空隙は粗大化する．一般的に，固体または液体の母相中の分散粒子は界面エネルギーを減少させて凝集粗大化することが知られており，オストワルド成長（あるいは熟成；Ostwald ripening）とよばれている．この理論を焼結現象に適用すると，空隙の半径 r と焼結時間 t との関係を，

$$r^3 - r_0^3 = K''t \tag{8.7}$$

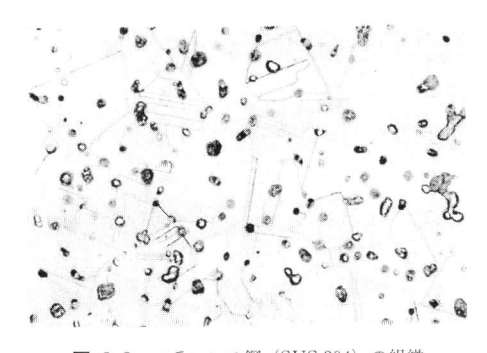

図 8.8 ステンレス鋼（SUS 304）の組織

で表すことができ，実験的にも確かめられている．ここで，r_0 は $t=t_0$ における半径，K'' は定数である．また，結晶粒成長も式 (8.7) によって進み，過剰な結晶粒成長はホール・ペッチの関係 (§1.3 参照) からもわかるように，材料の強度を低下させる．

このように，焼結材料ではこれらの式を用いて，図 8.8 に示すような空隙の状態や結晶粒の大きさなどの組織状態をかなり予測することができ，これらの情報をできる限り活用して焼結温度・時間の決定など操業上に反映させることが重要である．

B. 液相焼結

超硬合金 (WC-Co)，サーメット (TiC-Ni) など工具材料を製造するには，WC，TiC などは融点が非常に高いため，固相焼結が難しい．このため，これらよりかなり融点の低い Co，Ni などの金属粉末を混合し，これらを溶融して液相を利用した焼結法がとられる．また，Fe あるいは Cu 合金においても，液相を利用して緻密化を促進させることが行われている．このような液相焼結は，図

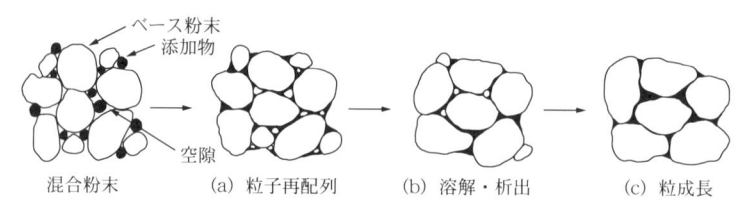

図 8.9 液相焼結の過程

図 8.10 WC-Co の組織[7]

8.9のように，(1) 第1段階では，液相の生成に伴う毛細管力により粉体粒子の再配列が起こり，(2) 第2段階では，オストワルド成長により小さな粒子が液相に溶解し，大きな粒子上に析出して粒成長する．さらに，(3) 第3段階では，粒子の移動が抑制され，粒成長が進む．

このような液相焼結を利用して製造する材料には，WC-Co，TiC-Ni のほかに W-Cu，Cu-Sn，Fe-Cu-C などがある．代表的な例として，WC-Co の焼結組織を図 8.10 に示す．

C. 収縮量の予測

実際に焼結品を製造する場合には，焼結時に発生する収縮や変形が問題になる．成形体の体積を V_g，密度を ρ_g，焼結体の体積を V_s，密度を ρ_s とすると，成形体と焼結体での質量変化はないので，

$$V_g \rho_g = V_s \rho_s \tag{8.8}$$

となる．したがって，成形体が均一に収縮すると仮定すると，体積収縮 v および線収縮 l はそれぞれ次式で与えられる．

$$v = \frac{V_s}{V_g} = \frac{\rho_g}{\rho_s} \tag{8.9}$$

$$l = \left(\frac{\rho_g}{\rho_s}\right)^{1/3} \tag{8.10}$$

したがって，これらは成形体と焼結体の密度から求めることができる．実際には，これらの収縮を考慮して製品設計・製造にあたることになる．

[演習問題]

1. 図 8.5 において，力の釣り合いを考慮して式 (8.1) を導け．
2. Fe 粉末を (a) 800℃ (α-Fe 領域) と (b) 920℃ (γ-Fe 領域) で焼結した場合，同じ密度の焼結体を得るには，どちらの温度のほうが速く焼結できるか．表 2.1 の値を用いて，拡散係数を計算して推定せよ．
3. 相対密度 75% の成形体を加熱炉で焼結すると，相対密度 92% の焼結体が得られた．直径 20 mm の焼結体を得るには，金型の直径をいくらに設計しておけばよいか計算せよ．なお，焼結時には均一に収縮するものとする．

4. 射出成形法によりステンレス鋼の精密機器用部品を作製したい．成形体のバインダ量が 35% で，焼結体の相対密度を 98% としたときの (1) 体積収縮率および (2) 線収縮率を計算せよ．なお，バインダは脱バインダ時および焼結時にすべて除去されるものとする．

参 考 文 献

1) R. M. German（三浦・高木共訳）：粉末冶金の科学（内田老鶴圃，1996）．
2) 日本塑性加工学会編：粉末の成形と加工（コロナ社，1994）．
3) 榛葉久吉，三谷裕康：改訂増補粉末冶金学（コロナ社，1978）．
4) R. M. German : Liquid Phase Sintering (Plenum Press, 1985).
5) (社)粉体粉末冶金協会編：粉体粉末冶金用語事典（日刊工業新聞社，2001）．
6) ASM : ASM Handbook Vol. 7, Powder Metal Technologies and Applications (ASM, 1998).
7) W. J. Huppman and K. Dalal : Metallographic Atlas of Powder Metallurgy (MPIF, 1986).
8) J. A. Schey : Introduction to Manufacturing Processes (McGraw-Hill, 2000).

9 塑性加工およびプラスチックの成形

> 塑性加工（plastic forming）は，材料に力を加えて塑性変形により成形する加工の総称であり，ほとんどの場合が金属加工である．本章では塑性加工における力学的側面（加工力，変形形状，成形限界など）と，材料学的側面（加工性に及ぼす温度・加工速度・静水圧力の影響，材質制御など）について説明する．また，プラスチックの成形にも言及する．

9.1 塑性加工における技術的課題

A．主な塑性加工法

塑性加工法は概略以下のように分類できる（図9.1参照）．

（1） 板，棒（丸棒，異形断面棒），管などの素材の製造：圧延（rolling），押出し（extrusion），引抜き（bar-, tube-drawing）などがある．多くの場合定常変形（steady deformation，空間固定のある点を通過する材料の変形は時間とともに変化しない変形）を特徴としている．

（2） 塊状物（バルク）の成形（bulk forming）：金型（ダイス（die））で素材を押潰して成形する鍛造[*1]（forging），ねじなどの転造（form rolling），焼結を行う際に行われる圧粉（powder compaction）などがある．

（3） 板材の成形（sheet metal forming）：プレス機を用いた薄板の成形では，曲げ（bending），張出し（stretch forming），深絞り（deep drawing），せん断（shearing），伸びフランジ（stretch-flanging）などがある．プレス機械によらない板材成形では，板を回転させながらへらやロールを押し当てて成形するスピニング（spinning），多段回転ロールによりチャンネル材などを製造するロールフォーミング（roll forming），初期に曲がりやうねりのある板をローラーを通過させることにより板に繰返し曲げを作用させて平坦にするローラー矯

[*1] 鍛造には，平らな工具で素材の自由部が多い自由鍛造（free forging）と，素材が型に拘束される型鍛造（die forging）がある（図9.1 B参照）．

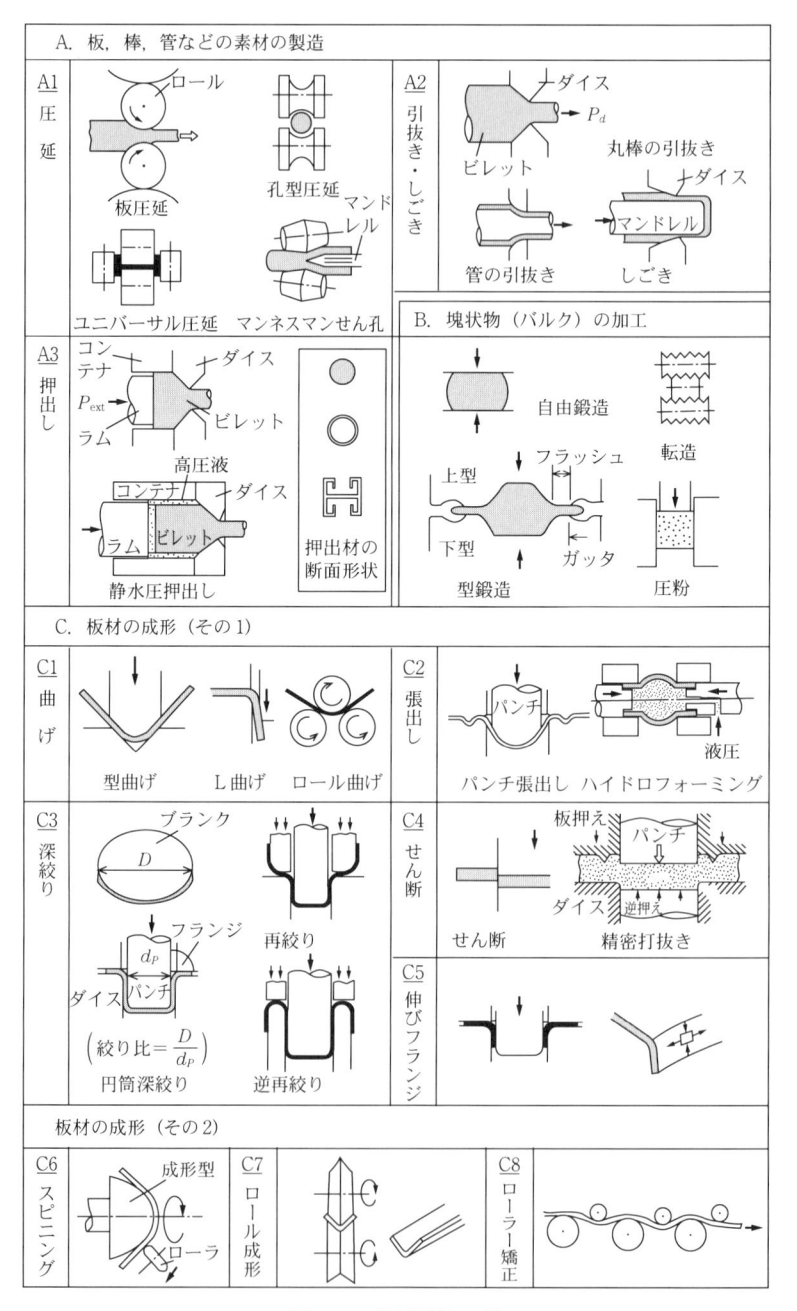

図 9.1 主な塑性加工法

正（roller levelling）などがある．

　塑性加工を加工温度で分類すると，室温における冷間加工（cold forming），材料の再結晶温度以上での熱間加工（hot forming），再結晶温度以下で回復の起こる温度域で行う温間加工（warm forming）がある（§9.4参照）．また，特殊なものとしては室温以下に冷やして加工する低温加工（low-temperature forming）もある．

　塑性加工は，代表的な非除去加工（non-removal process）であるので材料歩留まりが良く，きわめて高速に加工できる，また加工中に材質の制御ができるなどの特長を持つ．一方，圧延機，プレス機（および金型）にみられるように大型の生産設備が必要となることが多く，一般的には大量生産に向いた加工法である．

B．上手に塑性加工するための視点

塑性加工を行うために重要な視点を列記すると次のようになる．
① 割れ，しわなどが生じることなく成形できる．
② 成形品の形状精度，表面性状などが良い．
③ 素材の不用部分が少ない．
④ 製品の材質（強度，靭性，異方性など）が要求どおりである．
⑤ 加工力が加工機械の能力の範囲内にある．
⑥ 工具（パンチ，ダイスなど）に損傷や磨耗が少なく工具寿命が長い．

　これらのことを満足したうえで，加工工程が少なく，エネルギー消費が少なく，材料費が安いなどの条件からコストの低い加工法や条件が選ばれることになる．

9.2　素材製造・バルク加工における加工力，材料流れ，成形限界

A．塑性力学による加工力の算出

　塑性加工における加工力や工具にかかる面圧分布を知ることは，どの程度の能力を持つ加工機械が必要となるか，工具の寿命には問題がないかなどについて検討するうえで重要である．以下では第4章で述べた塑性力学を用いて，い

くつかの塑性加工について，加工力や工具面圧を求めてみる．このとき，工具と材料の間の摩擦（friction）も考慮する．

【例1】 据え込み加工力に及ぼす工具摩擦の影響 角柱ブロックや円柱状素材を圧縮する（塑性加工用語では据え込み（upsetting）ともいう）ときの荷重は，工具とブロックの間の摩擦が大きいほど，またブロックの縦横比（w/h）〔円柱の場合は（D/h）〕が大きいほど大きくなる．このときの工具に作用する面圧 p_{die} の分布は，図9.2に示すように，素材中心で一番高く，端部にいくほど低くなる（摩擦によって生じるこのような面圧分布は摩擦丘（friction hill）とよばれる）．

[力学計算] 角柱ブロックの奥行き方向の長さ変化がない状態（これは平面ひずみ（plane strain）状態とよばれる）で圧縮する場合について考える．せん断応力成分は小さいとして無視（$\tau_{xy}=0$）すると，このときの3主応力は σ_{xx}，σ_{yy}，σ_{zz}（$\sigma_{xx}>\sigma_{zz}>\sigma_{yy}$）となるので，平均変形抵抗 $\bar{Y}$（§4.2A参照）あるいは平均せん断変形抵抗 $\bar{k}$ を用いると，トレスカの降伏条件式は次式となる*1．

$$\sigma_{xx}-\sigma_{yy}=\bar{Y}=2\bar{k} \tag{9.1}$$

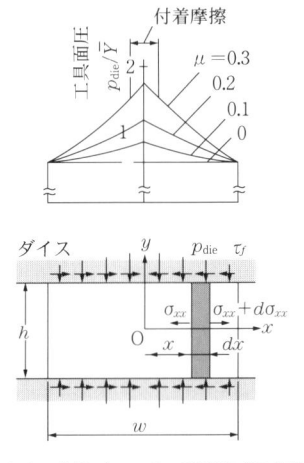

図 9.2 角柱ブロックの平面ひずみ据込み

---

*1 ミーゼスの降伏条件式〔式(4.9)〕を用いると，平面ひずみ状態（$\varepsilon_{zz}=0$）では，ひずみ増分理論〔式(4.15)〕より $d\varepsilon_{zz}=d\lambda\{\sigma_{zz}-(\sigma_{xx}+\sigma_{yy})/2\}=0$，∴ $\sigma_{zz}=(\sigma_{xx}+\sigma_{yy})/2$．したがって降伏条件式(4.9)より $\sigma_{xx}-\sigma_{yy}=2\bar{Y}/\sqrt{3}=2\bar{k}$．

さて，ブロックの圧縮について考える．工具とブロックの間の摩擦応力（frictional stress）を τ_f （>0）とおき，ブロックの中心（$x=0$）から x だけ離れた位置にある微小要素 dx に作用する x 方向の力の釣り合い条件について，図9.2を参照しながら考えてみよう．ここで，この微小要素の右面〔+($x+dx$) 面〕および左面〔$-x$ 面〕に作用する応力（$\sigma_{xx}+d\sigma_{xx}$ および σ_{xx}）の y 方向分布は無視している．

$$(\sigma_{xx}+d\sigma_{xx})h-\sigma_{xx}h-2\tau_f dx=0, \quad \therefore \quad \frac{d\sigma_{xx}}{dx}-\frac{2\tau_f}{h}=0 \tag{9.2}$$

クーロン（Coulmb）の摩擦法則を用い，圧縮においては $\sigma_{yy}<0$ であることを考慮し，摩擦係数（friction coefficient）を μ とおくと，摩擦応力 τ_f は

$$\tau_f=-\mu\sigma_{yy}>0 \tag{9.3}$$

となる[*1]．せん断応力 τ_{xy} は σ_{xx}, σ_{yy} に比べて小さいのでこれを無視すると，降伏条件式(9.2)より $d\sigma_{xx}=d\sigma_{yy}$ なので，式(9.3)を式(9.2)に代入し σ_{xx} を消去すると次式が得られる．

$$\frac{d\sigma_{yy}}{dx}+\frac{2\mu\sigma_{yy}}{h}=0 \tag{9.4}$$

ここで，境界条件

$$x=\pm w/2 \text{ で } \sigma_{xx}=0 \text{（自由表面）}, \quad \sigma_{yy}=-\bar{Y} \text{〔} \because \text{ 式(9.1)〕} \tag{9.5}$$

を考慮すると，式(9.4)から σ_{yy} に関して次の解が得られる．

$$\sigma_{yy}=-p_{\text{die}}=-\bar{Y}\exp\left\{\frac{2\mu}{h}\left(\frac{w}{2}-x\right)\right\}, \quad \left(0\leq x\leq\frac{w}{2}\right) \tag{9.6}$$

図9.2(a)に $w/h=2$ のときの工具接触面圧（$p_{\text{die}}=-\sigma_{yy}$）の分布を示す．圧縮に必要なブロックの平均工具面圧 $\bar{p}_{\text{die}}$ は次のように計算できる．

$$\bar{p}_{\text{die}}=\frac{2}{w}\int_0^{w/2}p_{\text{die}}dx=\frac{\bar{Y}h}{\mu w}\left\{\exp\left(\frac{\mu w}{h}\right)-1\right\}\approx \bar{Y}\left(1+\frac{\mu w}{2h}\right) \tag{9.7}$$

なお，同様な解析により，円柱（直径 D，高さ h）の据え込みにおける平均工具面圧 $\bar{p}_{\text{die}}$ は次のようになる．

$$\bar{p}_{\text{die}}\approx \bar{Y}\left(1+\frac{\mu D}{3h}\right) \tag{9.8}$$

【例2】 圧延における前方・後方張力の効果　図9.3(a)に示す平板圧延（rolling）において，入口側と出口側でそれぞれ後方張力（応力）σ_b，前方張力

[*1] 摩擦せん断応力 τ_f はせん断変形抵抗 $\bar{k}$ を越えることがない（$\tau_f\leq\bar{k}$）ことに注意しなければならない．摩擦により材料表面がせん断降伏（正確にはせん断応力が支配的な降伏）した状態（$\tau_f=\bar{k}$）を付着摩擦（sticking friction）とよぶ．

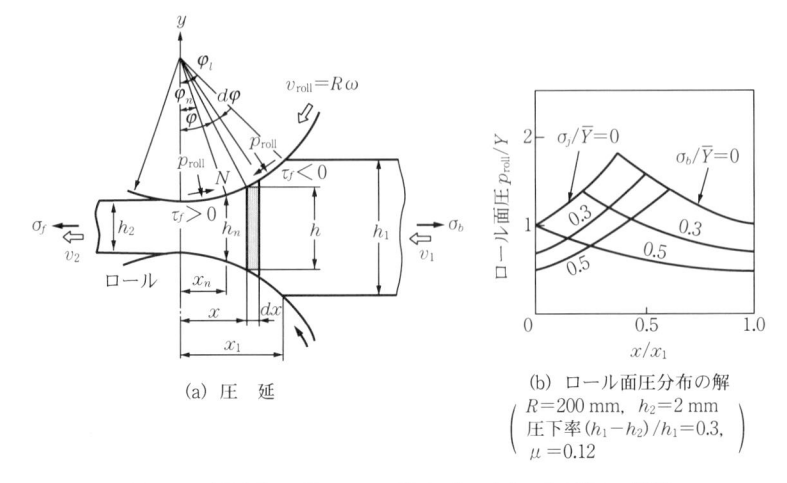

図 9.3 板圧延におけるロール面圧に及ぼす前・後方張力の影響

(b) ロール面圧分布の解
$\begin{pmatrix} R=200\text{ mm}, \ h_2=2\text{ mm} \\ \text{圧下率}(h_1-h_2)/h_1=0.3, \\ \mu=0.12 \end{pmatrix}$

（応力）σ_f を作用させるとロール面圧を低下させることができる[*1]（図9.3(b)を参照）．なお，このように付加的な引張り力作用により工具面圧を低減させることは，押出し・引抜きにおける前方・後方張力の効果などでもみることができる．

［力学的考察］圧延ではロールと板との間の摩擦により幅広がりはほとんどみられず，平面ひずみ状態と考えてよい．せん断応力 τ_{xy} を無視し，面圧 p_roll の作用方向が y 方向に近い場合（圧下率が小さい場合）には近似的に $\sigma_{yy} \approx -p_\text{roll}$ とおけるので，このときのトレスカ降伏条件は【例1】の場合と同様に近似的には次式で表せる．

$$\sigma_{xx} + p_\text{roll} \approx \bar{Y} \tag{9.9}$$

板の移動速度は，ロール接触領域のある点 $N(x=x_n)$ においてロールの回転速度と一致し（この点 N を無すべり点（non-slip point）とよぶ），板の出口側（$x \leq x_n$）ではロールの回転速度より速く（$v_2 \geq v_\text{roll}$），入口側（$x > x_n$）では遅くなる（$v_1 \leq v_\text{roll}$）[*2]．したがって，出口側（$x \leq x_n$）では板の移動とは反対の方向（x 方向）に摩擦応力（$\tau_f = \mu p_\text{roll} \geq 0$）が作用し，入口側ではその逆方向（$-x$ 方向）に摩擦応力（$\tau_f = -\mu p_\text{roll} < 0$）

[*1] ロール面圧が高いと，ワークロールの曲げ変形による板厚不整が生じたり，板表面（とりわけ面圧の高い両縁付近）に傷ができることがある．ワークロールの曲げ変形を抑えるために剛性の高いバックアップロールが用いられる．また，ワークロールやバックアップロールに積極的に逆方向の曲げモーメントを付加してワークロールの曲げを補正する方法や，上下のワークロールを互いに1〜2°傾けて配置する方法〔ペアクロス方式〕などが実用化されている．

[*2] $(v_1-v_\text{roll})/v_\text{roll}$ は先進率（forward slip）とよばれる．

が働く[*1].【例1】で示した角柱ブロック圧縮の場合と同様な解析を行うと,図9.3(b)に示すような面圧分布が得られる[*2]. 前方・後方張力(σ_f および σ_b)は材料内の応力 σ_{xx} を増加させるので降伏条件式(9.9)より面圧 p_{roll} が低下することになる.

【例3】 押出し・引抜き力 図9.1のA3およびA2に示すような丸棒(平均変形抵抗 $\bar{Y}$)の押出しおよび引抜きについて考える.これは太い棒材から細い棒を製造する一般的方法である.入口側と出口側の丸棒の横断面積をそれぞれ A_i, A_o とすると,無摩擦を仮定したときの押出し力 P_{ext} および引抜き力 P_d はそれぞれ次式で与えられる.

〔押出し〕 $\quad P_{\text{ext}} = A_i \bar{Y} \ln(A_i/A_o)$ \hfill (9.10)

〔引抜き〕 $\quad P_d = A_o \bar{Y} \ln(A_i/A_o)$ \hfill (9.11)

[力学計算] コンテナの移動距離を s,押出し力を P_{ext} とすると,この押出し力によってなされる仕事 $W = P_{\text{ext}} s$ は材料の塑性変形に使われる部分(塑性エネルギー消散(plastic energy dissipation)という)W_p と,工具と材料の摩擦によって消散する部分(摩擦エネルギー消散(friction energy dissipation)という)W_f の和となる.

$$W = W_p + W_f \tag{9.12}$$

簡単のために無摩擦($W_f = 0$)の場合について検討する.剛完全塑性体($\sigma = \bar{Y}$)の定常変形の場合を考えると,次のような関係が成り立つ〔式(4.13)参照〕.

塑性エネルギー消散 W_p
$\quad = $(平均変形抵抗 $\bar{Y}$)$\times$(相当塑性ひずみ $\bar{\varepsilon}$)$\times$(塑性変形した材料の体積 V)

押出しの場合の変形(ひずみ)が近似的には単軸引張りの場合と同じであると考えると,塑性体積一定条件より相当塑性ひずみは(対数ひずみを用いて)$\bar{\varepsilon} = \varepsilon_{zz} = \ln(A_i/A_o)$ となるので

$$W_p = \bar{Y} \bar{\varepsilon} (A_i s) = [\bar{Y} A_i \ln(A_i/A_o)] s \tag{9.13}$$

となる. $W = P_{\text{ext}} s = W_p$ より押出し力 P_{ext} は式(9.10)のようになる.

引抜き力 P_d も同様にして式(9.11)のように導ける.ただし,完全に引抜かれた棒(断面積 A_o)に作用する引張り応力は平均変形抵抗 $\bar{Y}$ を越えることはできないので

$$P_d/A_o \leq \bar{Y}, \quad \therefore \quad \ln(A_i/A_o) \leq 1 \quad \text{すなわち} \quad A_i/A_o \leq 2.7 \tag{9.14}$$

でなくてはならない.

[*1] 鋼板の圧延における摩擦係数は,冷間(潤滑あり)で0.02~0.05,熱間で0.1~0.3程度.
[*2] 解析の詳細は,例えば章末参考文献1),p.81.

以上の解析は，素材とダイスの摩擦および材料のせん断変形によるエネルギー消散を無視しているが，これらを考慮した押出し力（および引抜き力）の近似解は，摩擦係数 μ，ダイス半角 α として，次のように与えられている[*1]．

（押し出し）$P_{ext} = A_i \bar{Y} \left\{ (1+\mu \cot \alpha) \ln\left(\dfrac{A_i}{A_o}\right) + \dfrac{4\alpha}{3\sqrt{3}} \right\}$ (9.15)

（引抜き）　$P_d = A_o \bar{Y} \left\{ (1+\mu \cot \alpha) \ln\left(\dfrac{A_i}{A_o}\right) + \dfrac{4\alpha}{3\sqrt{3}} \right\}$ (9.16)

B. バルク加工における材料流れと加工力

鍛造における材料流れとそれに関連した加工力の問題を図 9.4(a)～(d) に示す代表的な例を用いて考えてみよう．ここで，加工力（平均工具面圧 p_{die}）の大きさを次式のように拘束係数（constraint factor）C を用いて次式のように表してみる．

$$p_{die} = C\bar{Y} \quad (9.17)$$

ここで，$\bar{Y}$ は平均変形抵抗である．図 9.4(a) は円柱素材の直径 (D) が高さ (h) に比べあまり大きくない ($D/h \leqq 3$) 場合の自由鍛造の例であるが，この場合には，式 (9.9) より拘束係数は $C=1$（摩擦係数 $\mu=0$ の場合）～1.3（$D/h=3$, $\mu=0.3$ のとき）である．図 9.4(b) は素材径よりかなり小さい径のパンチを押込む場合の例を示している．このときの塑性変形はパンチ周辺の限られた領域で（体積一定で）生じるため，材料はパンチの周囲の自由表面で盛上がるようになる．このときの拘束係数は $C \approx 3$ となる．この場合には材料の塑性変形が塑性域を囲む素材の弾性域によって拘束されていることになる．図 9.4(c) は底付き缶

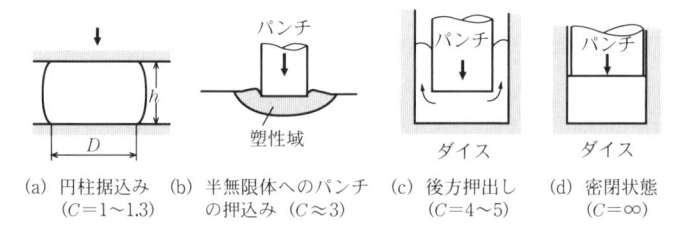

(a) 円柱据込み　(b) 半無限体へのパンチ　(c) 後方押出し　(d) 密閉状態
　　($C=1～1.3$)　　　の押込み ($C \approx 3$)　　　($C=4～5$)　　　($C=\infty$)

図 9.4　種々の拘束状態

[*1] これらの式より押出し・引抜き力を最小とするダイス半角 α が存在することがわかる（多くの実験では $\alpha=5～30°$ で最小）．解析の詳細は，例えば，章末参考文献 2)．

の成形に用いられる後方押し出し (backward extrusion) の例であるが，この場合の拘束係数は，素材の周囲が金型により拘束され，材料のせん断変形も大きく，工具と素材の接触面積が大きい（摩擦エネルギー消散が大きい）ため $C=4\sim6$ となる．図 9.4(d) は剛体工具で素材が完全拘束される場合であるが，この場合には材料は（塑性体積一定のため）どこにも流れることができないため $C=\infty$ となってしまう．これらの例でわかるように，鍛造，押出しなどのバルク加工では素材が金型によりどの程度拘束されているかにより加工力（工具面圧）が大きく左右される．

複雑形状製品を鍛造するための金型は，図 9.1B に示すように，上型と下型に分かれ，上型は成形部，フラッシュ部（平坦なバリを作る）およびガッタ部（材料を逃がす）より成っている．バリは鍛造成形の後にせん断加工により切取られる．フラッシュ部は材料が型の外に流出するのを抑える役割をはたすが，フラッシュ部が大きすぎると加工力が大きくなるので，ガッタ部が設けられる．なお，フラッシュ・ガッタ部のない金型（多くの場合さらにパンチ）を用い，バリを出さずに成形する閉塞鍛造 (closed forging) もあるが，このときの加工力（工具面圧）はかなり大きなものとなる．

最近の冷間鍛造における 1 つの目標は，鍛造後に切削や研削を行わずにそのまま精密な最終形状を作るネットシェイプ (net shape)，またはほとんど最終形状とするニアネットシェイプ (near net shape) 加工である．このために，金型への材料流入を良くするいくつかの方法（閉塞鍛造，背圧鍛造，分流鍛造など[*1]）がある．また製品精度を向上させるためには金型やプレス機械の弾性たわみをできるだけ少なくする工夫も大切である．

C. 延性破壊と成形限界

§4.5 で述べたように，延性破壊は材料内に発生したボイド（微小空孔）が変形とともに成長し，合体することによって生じる．また，材料に作用する静水圧力〔$p=-(\sigma_{xx}+\sigma_{yy}+\sigma_{zz})/3$〕が大きければボイド成長が抑制されるため延性が向上する．例えば，丸棒の押出しでは，棒の中心線に沿う矢じり状の割れ〔図 9.5(a)〕や表面割れ〔図 9.5(b)〕が生じることがあるが，これらの割れを抑制

[*1] 塑性と加工（日本塑性加工学会誌）「ネットシェイプ鍛造技術」, Vol. 41, No. 447 (2000)

(a) 矢じり状の割れ

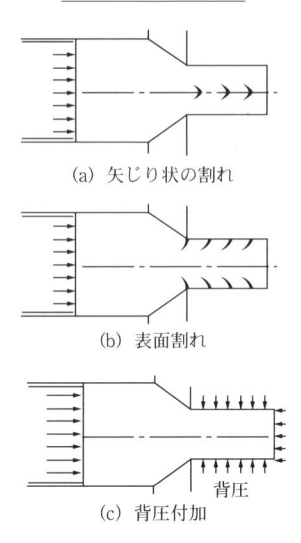

(b) 表面割れ

(c) 背圧付加

図 9.5 押出しにおける割れの発生とその抑制法

するためにダイスの出口に背圧を作用させる方法がある[*1]．また，延性破壊を積極的に利用した加工法の例としては，図9.1.A1に示すマンネスマンせん孔 (Mannesmann piercing)がある．棒材に二方向から交差したロールを押し付けると棒の中心部は引張り応力が作用するため割れが生じる．この割れにマンドレルを押込み，穴を拡げて管を製造する．

なお，延性破壊条件式〔例えば式(4.18)〕を塑性加工の応力・ひずみ解析と組み合わせることで成形限界の予測が可能となり，その結果を用いた最適な金型設計，加工工程設計なども行われている．

9.3 板材成形におけるいくつかの問題

A．種々の板材成形と成形不良

プレスによる板材成形は，図9.1.C1～5に示すように，張出し，深絞り，曲げ (bending)，伸びフランジなどに分類される．張出し加工は，板縁をしっかりと固定してパンチ（場合によっては液圧）で板を風船を膨らますようにして曲面成形するものである．塑性変形は体積一定で生じるので，このときの板厚

[*1] 章末参考文献2) の§3.2参照．

は薄くなる．一方，深絞り加工では，板はパンチによってダイス内に流し込まれる．深絞り，曲げ，伸びフランジなどでは板厚の変化は小さい[*1]．なお，実際のプレス成形では純粋な張出し，曲げなどではなくこれらが組み合わさった複雑な変形が多くみられる．

板材成形不良の代表的なものは，割れ，しわ，板厚減少，スプリングバック（springback，プレス成形後に金型から成形品を取出す際に生じる板の弾性回復）である．こうした成形不良の発生の有無は加工条件（板の寸法と工具の関係，潤滑条件など）にも関係することは当然であるが，板材の機械的性質に強く依存する．以下では主に，こうした成形不良と材料の機械的性質との関係，成形不良を抑制する工夫について述べることにする．

B. 板材成形限界に及ぼす材料特性の影響

板の成形限界は板が局部的に薄くなり（これを局部くびれ（localized necking）という）破断する[*2]．この局部くびれが発生するときの板厚ひずみの大きさはひずみ比（板面内の2つの主ひずみ ε_1, ε_2 の比 $\beta=\varepsilon_2/\varepsilon_1$）に強く依存する．局部くびれが発生するときの主ひずみの値（ε_1, ε_2）をプロットしたもの（図9.6）は成形限界線図（Forming Limit Diagram，略称 FLD）とよばれ，板材の成形性を予測するためによく用いられる．

ところで，板厚を薄くすることで成形する張出し成形（ひずみ比 $\beta>0$）と板厚をほとんど変化させずに板のダイスに沿う流込みによって成形する深絞り成形（$\beta\leq 0$）では成形限界を支配する材料特性が異なっている．

張出し成形では，材料の加工硬化が大きい（n 値が大きい）ほど成形性が良くなる．というのは，加工硬化の大きな材料はひずみの大きな部分の変形抵抗が大きくなるので，成形中に変形が局所的に大きくなりにくい（比較的均一な変形が起こる）ためである．

[*1] 張出しやしごきなどがなく比較的簡単な形状（例えば円筒，角筒など）のプレス成形品については，成形後の表面積が成形前の板（ブランク（blank）という）の面積と一致すると考えるとブランク寸法をおおむね算出できる．しかし複雑な形状の成形品では，プレス成形でブランクのどの部分がどれだけダイス内に流入するかの見積もりが難しいので，最適なブランクの形状・寸法を知るためには複雑な計算が必要となる．

[*2] 板の単軸引張り試験ではまず板幅方向にくびれ（これを拡散くびれ（diffuse necking）という）が生じその後に板厚方向の局部くびれが生じる．板のプレス成形で拡散くびれがみられることはまれで，くびれのほとんどは局部くびれである．

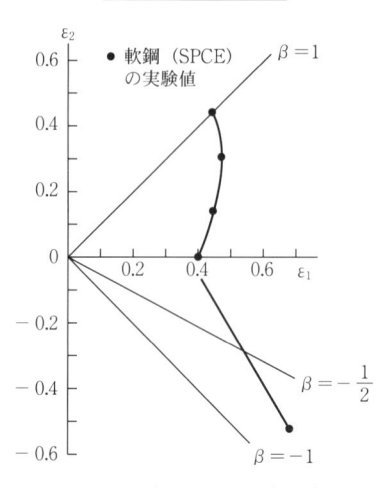

図 9.6 成形限界線図（FLD）

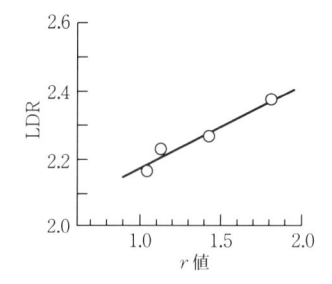

図 9.7 限界絞り比（LDR）に及ぼす r 値の影響（軟鋼板）

円筒深絞り成形（図 9.1.C 3 参照）においてどのくらい深いカップが成形されるかを示す指標として絞り比（Drawing Ratio：DR＝ブランク径 D/パンチ径 d_p）が用いられるが，これには限界（限界絞り比（LDR：Limiting Drawing Ratio））が存在する．というのは，ブランク径が大きくなるとフランジ部の絞込み抵抗が大きくなるため，パンチ肩部と側壁部の境界付近で引張り曲げによる破断が起こるからである．深絞り成形性は，板厚方向の異方性の指標である **r 値**（r-value，ランクフォード値（Lankford value）ともいう）が大きい板材ほど成形性が良くなる（図 9.7）．これは，r 値が大きい板材ほどフランジ部の絞込み抵抗が小さく，側壁部の変形抵抗が大きくなるためである（この力学的意味については章末の文献（3）§14.3 を参照）．なお，深絞り成形で深いカッ

プを成形するためには，1回絞り成形で得られたカップを再度径の小さなパンチとダイスで絞る再絞りあるいは逆再絞り（図9.1.C3参照），絞り成形後のしごき（ironing，図9.1.A2参照）などが行われる．また，フランジ部分のみを加熱（パンチは冷却）することによりフランジ部の変形抵抗を下げる工夫もある．

[**r値**] 板材の単軸引張り試験を行ったときの長手（引張り軸）方向，板幅方向，板厚方向のひずみをそれぞれ ε_l，ε_w，ε_t とするとき，r 値 $=\varepsilon_w/\varepsilon_t$ として定義される．等方性の板なら $\varepsilon_w=\varepsilon_t$ となるので r 値は1となる．r 値が1より大きいときには，引張りによる板厚方向ひずみが小さく，板幅方向のひずみが大きいことになる．

C．板曲げにおけるスプリングバックとその抑制

プレス成形品の形状精度向上のためにはスプリングバックの見積もりと抑制が大切である．板厚 h の弾完全塑性体（ヤング率 E，ポアッソン比 ν，平均変形抵抗 $\bar{Y}$）の薄板の純曲げ（曲げ半径 R_0，曲げ角 θ_0）後のスプリングバック量 $\Delta\theta/\theta_0$（図9.8参照）は次式で与えられる．

$$\frac{\Delta\theta}{\theta_0} \approx 3\left(\frac{\bar{Y}}{E}\right)\left(\frac{R_0}{h}\right) \tag{9.18}$$

この式より，板材の $\bar{Y}/E$ が大きいほどスプリングバックが大きいこと（例え

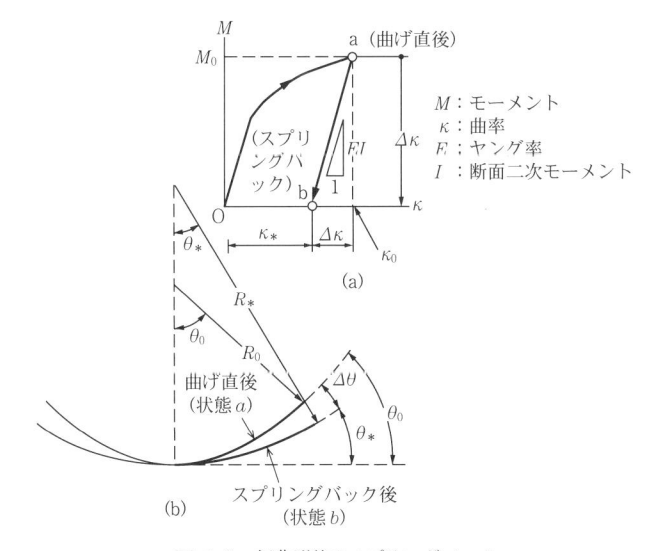

図 9.8 板曲げ後のスプリングバック

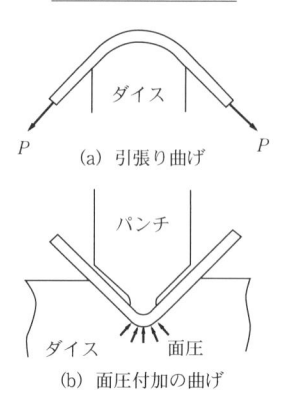

図 9.9 スプリングバックを低減させる曲げ加工
(a) 引張り曲げ
(b) 面圧付加の曲げ

ば，変形抵抗の大きな高張力鋼板やヤング率が鋼の 1/3 のアルミニウム合金板などはスプリングバックが大きい），また板が薄く緩やかな曲げ（相対曲げ半径 $[R_0/h]$ が大きい）ほどスプリングバックが大きいことがわかる．

スプリングバックを抑制するためには，曲げ時に引張り力を付加するか，曲げた後に引張る引張り曲げ（stretch bending，図 9.9(a)）が有効である．また，パンチとダイスで板の曲げ部をはさんで面内圧縮力を加えることも有効である（図 9.9(b)）．これらは除荷直前の曲げモーメントを小さくする工夫である．

［力学計算］ 簡単のために，単軸応力状態（σ_{xx} 以外の応力成分はゼロ）と仮定する．図 9.8(a) には，板曲げにおける曲げモーメント M と板の曲率 $\varkappa$（$=1/R_0$，R_0：曲げ半径）の関係を模式的に示している．塑性曲げでは板（板幅：b）の全断面降伏状態（$\sigma_{xx}=\pm\overline{Y}$）に近いと考えると，このときの曲げモーメント M_0 は次のように計算される．

$$M_0 = 2b\int_0^{h/2} \sigma_{xx} y\,dy \approx 2b\int_0^{h/2} \overline{Y} y\,dy = \frac{1}{4}bh^2\overline{Y} \tag{9.19}$$

曲げモーメントを除荷する過程〔図 9.8 の a→b〕は弾性変形であるので，このときの曲率の変化 $\varDelta \varkappa$ は材料力学の公式により次式で与えられる．

$$\varDelta \varkappa = -\frac{M_0}{EI}, \quad I = \frac{bh^3}{12} \quad (\text{板の断面 2 次モーメント}) \tag{9.20}$$

板の曲げ半径 $R_0=1/\varkappa_0$〔塑性曲げ時（$M=M_0$）〕，$R_*=1/\varkappa_*$〔除荷時（$M=0$）〕とおけば $\varkappa_*=\varkappa_0+\varDelta \varkappa$ は次のように書ける．

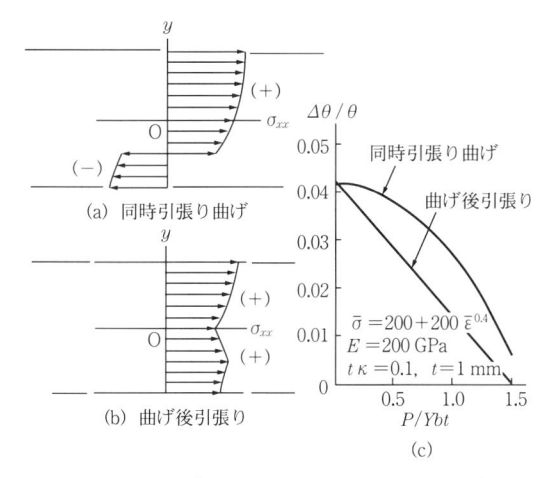

第9章 塑性加工およびプラスチックの成形

図 9.10 引張り曲げにおけるスプリングバックの低減

$$1/R_* = 1/R_0 - M_0/EI \tag{9.21}$$

はり要素の徐荷前後の曲がり角を θ_0, θ_* とおくと，$R_0\theta_0 = R_*\theta_*$ となるので，スプリングバックによる曲げ角の変化率（$\Delta\theta/\theta_0$）は次のようになる．

$$\frac{\Delta\theta}{\theta_0} = \frac{\theta_0 - \theta_*}{\theta_0} = 1 - \frac{\theta_*}{\theta_0} = 1 - \frac{R_0}{R_*} = \left(\frac{M_0}{EI}\right)R_0 = 3\left(\frac{\overline{Y}}{E}\right)\left(\frac{R_0}{h}\right) \tag{9.22}$$

なお，同時引張り曲げおよび曲げ後の引張りにおける応力分布はそれぞれ図 9.10(a)，(b) のようになる．いずれの場合にも単純曲げの場合に比べて曲げモーメントが小さくなるので，引張り曲げではスプリングバックが抑制される〔図 9.10(c) 参照〕．

D. せん断加工における材料の変形と破壊

図 9.11(a) にせん断加工のプロセスを模式的に示す．まずはじめに，板にパンチ（およびダイス）が食込み大きなせん断変形が生じる．さらにパンチが進行すると板にき裂が入り，最終的に破断する．板のせん断加工面を図 9.11(b) に示すが，湾曲したダレ，滑らかなせん断面，き裂の進展によって形成される破断面およびかえり（バリともいう）から成っている．せん断加工製品としてはせん断面が多いほうがよく，ダレ，破断面およびかえりはないほうがよい．そのための工夫の1つとして，パンチとダイスのクリアランスを小さくし，図

```
           パンチ
            │         ダレ
         クリアランス   せん断面
                     破断面
                     かえり
         ダイス
      (a) 加工状態    (b) せん断加工面
              図 9.11 せん断加工
```

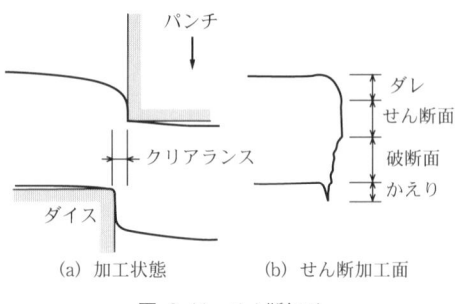

9.1.C 4に示すような突起付きの板押えを用いる**精密打ち抜き**（fine blanking）がある．これは，クリアランスを小さくすることでダレの原因となる板の曲げ変形を抑え，同時に板を拘束することで板に大きな静水圧力を発生させて材料の延性を大きくする（き裂の発生・進展を抑える）工夫であり，きわめて良好なせん断面が得られる．

9.4 塑性加工による材質の変化およびその制御

A．加工硬化の利用あるいはその抑制

冷間加工においては材料の加工硬化が大きい．このことを利用すると冷間鍛造などにより高強度な製品を作ることができるが，一方，靭性が低下することには注意しなければならない．ピアノ線などを製造するためには500～600℃における伸線加工が行われ，加工硬化により高強度な線材が得られる[*1]．

前節で述べたように，加工硬化の大きな板材は張出し成形性が良い．準安定オーステナイト系ステンレス鋼（SUS 304，SUS 301など）では室温での加工誘起変態によるマルテンサイト相が生成されるので，大きな加工硬化とその結果である大きな均一伸びが得られる（この現象はTRIP（transformation induced plasticity）とよばれる）．また，自動車用に開発された2相高張力鋼板（低炭素鋼に5～20％のマルテンサイト相を生成させたものでデュアルフェイズ鋼

[*1] オーステナイト域（900～1000℃）に高炭素鋼を加熱した後に500～600℃に急冷して鉛炉などで恒温変態させてできた微細パーライトをその温度で繰返し伸線加工する．この操作（加工熱処理）はパテンティング（patenting）とよばれる．

(dual-phase steel) ともいう) もある．なお，準安定オーステナイト系ステンレス鋼板の深絞り成形では，前節で述べたフランジを加熱(SUS 304では100°C程度)することは有効である．というのは，加熱により加工誘起変態は抑制され，フランジ部の絞込み抵抗が大幅に低下するからである．

B. 熱間・温間加工の目的と温度条件の決定

熱間加工や温間加工[*1]の主な目的は，材料の変形抵抗を下げることにより加工力を低減することである．また次項で述べるように，加工と熱処理を組み合わせることにより材質を制御する（結晶粒の微細化，結晶方位の制御など）ことも重要な目的の1つである．材料は一般には温度上昇とともに延性が増大するので加工性向上という面からも熱間・温間加工が行われる．ところで，§2.5で述べたように，ある種の材料には延性が低下する温度域がある場合があり（その温度域が加工速度に依存する場合もある），そこでの加工は避ける必要がある．例えば，炭素鋼では200～400°Cの青熱脆性温度では加工しないのが普通である．また鋼では900～1000°Cで赤熱脆性がみられる場合があるので注意が必要である．

鋼の熱間鍛造では，1100°C（高炭素鋼）～1300°C（低炭素鋼）位に素材を加熱して加工し，鍛造中に温度が850～900°C程度まで下がって加工終了するのが普通である．銅では300～600°C（粒界割れ）を避けて650～800°C程度で加工することがよいなどとされている．加熱温度を上げすぎると結晶粒の粗大化などの問題があるので注意しなければならない．ある種の材料では延性が温度に強く依存する．例えば，マグネシウムは室温では脆くて加工が難しいが，200°C以上では延性を持ち，塑性加工が可能となる[*2]．さらに，ある温度と加工速度において超塑性（§2.5C参照）が発現する材料ではそれを利用した加工（超塑性成形 (superplastic forming)）が行われることもある．

[*1] 温間加工の利点としては，冷間加工に比べて材料の変形抵抗を1/2程度まで下げることができ，冷間加工における中間焼鈍を省略できること，熱間加工の場合よりもスケール（表面の酸化物）形成が少ないなどがあげられる．
[*2] 室温では活動すべり系が限られている（hcpの底面すべり）が，温度上昇とともに非底面（柱面および錘面）すべりが活発となるためである．

C. 加工熱処理

代表的な熱処理である鋼の焼入れ・焼戻し（§5.1参照）について考えてみよう．焼入れは，鋼をオーステナイト域まで加熱し急冷（水冷または油冷）することにより硬いマルテンサイト組織を得る操作である．焼戻しでは，焼入れした鋼を再度加熱（150～200℃の低温焼戻しまたは550～650℃の高温焼戻し）した後空冷（まれに急冷）することにより炭化物を析出させ靭性の高い組織（高温焼戻しでは微細パーライト）を得ることを目的としている．熱間加工とこうした熱処理を組み合わせた加工は加工熱処理（thermo-mechanical treatment）とよばれる．図9.12には恒温変態（TTT）図に代表的な加工熱処理のプロセスを示している．

（1）鍛造焼入れ（ausforging（or direct quenching））：安定オーステナイト域（A_3変態点以上）で塑性加工した後ただちに焼入れ・焼戻し．

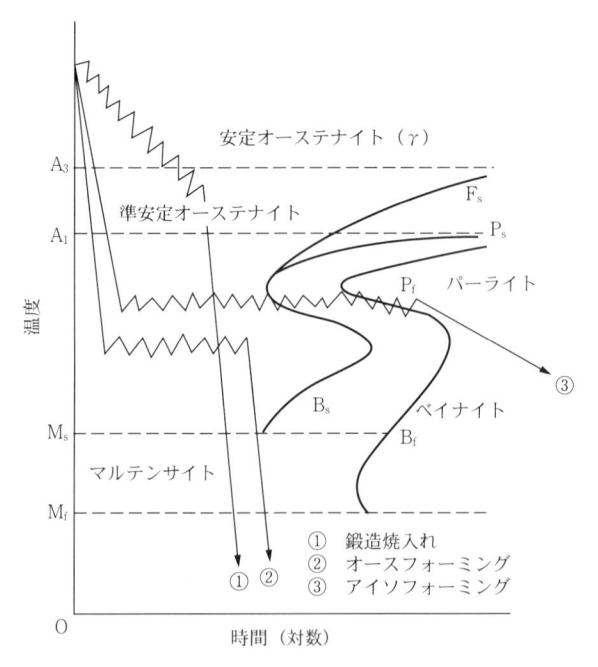

図 9.12 代表的な加工熱処理
F_s：フェライト生成開始，P_s，P_f：パーライト変態開始・終了，B_s，B_f：ベイナイト変態開始・終了，M_s，M_f：マルテンサイト変態開始・終了

（2）オースフォーミング（ausforming）：準安定オーステナイト域で塑性加工した後ただちに焼入れ・焼戻し．

いずれも普通の焼入れ・焼戻し鋼に比べると強靭な性質を得ることができる．とりわけオースフォーミングでは動的再結晶が生じないうちに焼入れ・焼戻しを行うことが可能であり，さらに加工により以下のような理由で強靭化がなされる．加工によりオーステナイト中に高密度の転位が導入されると同時に転位の固着，炭化物の核生成が起こる．これらはマルテンサイトに受け継がれ，微小炭化物が析出し，それに固着された転位や微細な亜粒界を含むマルテンサイト組織ができる．

（3）アイソフォーミング（isoforming）：過冷オーステナイトを等温的に塑性加工し，加工中にフェライト・パーライト変態あるいはベイナイト変態を終了する．通常の鋼よりも強靭なものが得られる．

D．制御圧延による結晶粒の微細化および結晶方位の制御

制御圧延（controlled rolling）は，低炭素鋼の圧延条件を制御することにより微細なフェライト・パーライト組織を持つ高強度・高靭性で加工性の良い板を製造する加工熱処理技術である．図9.13には代表的な制御圧延のプロセスを示している．材料としてはNb, V, Tiなどの炭化物生成元素を微量に添加した低炭素Mn鋼がよく用いられる．粗圧延は通常の場合（1200～1300℃）よりも低い900～1150℃で行い，この圧延中にNbなどを析出させることにより動的再結晶を抑え，微細な再結晶オーステナイト粒を得る．その後，オーステナイ

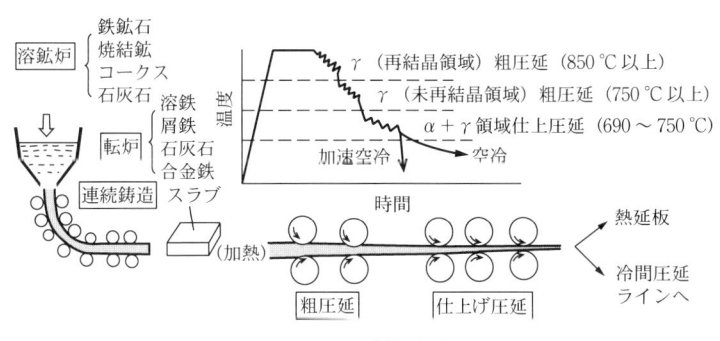

図 9.13 制御圧延

ト（γ）の未再結晶領域（750～850℃）およびオーステナイト・フェライト（α＋γ）域（700～750℃）における仕上げ圧延によりこの微細再結晶オーステナイト粒を伸長させ，その内部に変形帯を発生させる．フェライト核は粒界とともにこの変形帯からも発生するため微細なフェライト・パーライト組織が得られる．こうして得られた鋼板が高強度・高靭性なのは，結晶粒の微細化による粒界強化とNbなどの炭化物による分散強化によるものといわれている．

ある種の鋼板では，製造時に結晶方位をランダムではなく，特定の方向性を持たせる（このような材料組織は**集合組織**（texture）とよばれる）ように制御している．例えば，深絞り用の鋼板では，§9.3Dで述べたように板厚異方性（r値）の大きいものが望まれ，そのために板面に（111）面が平行となる方位が多くなるように制御されている．

9.5　塑性加工における摩擦と潤滑

A. 金属表面と接触状態

図9.14には通常の金属の表面状態を模式的に示している．金属母材上には表面を加工した際にできた$1\,\mu$m（$=10^4$Å）オーダの加工変質（硬化）層があり，その上は酸化膜（100Åオーダ），大気中の成分や油などを吸着した層，さらに油，ほこりなどによる汚染層に覆われている．

金属表面は完全に平坦であることはなく，通常$1\sim10\,\mu$mオーダの凹凸がある．したがって，2つの金属が（塑性加工では素材金属に工具が）押し付けられるときには，この表面凹凸の凸部分のみが接触しており，非接触部分では潤滑剤が閉じ込められている（図9.15参照）．このときの実接触面積と見かけの接

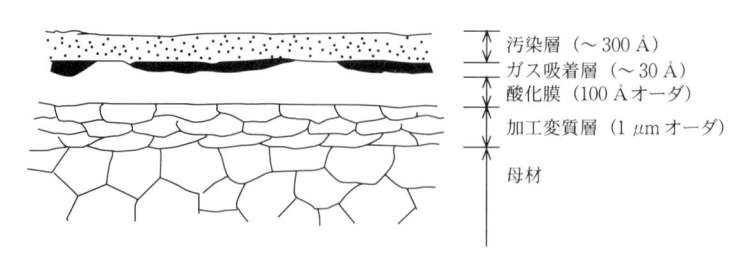

図9.14　金属表面の様子

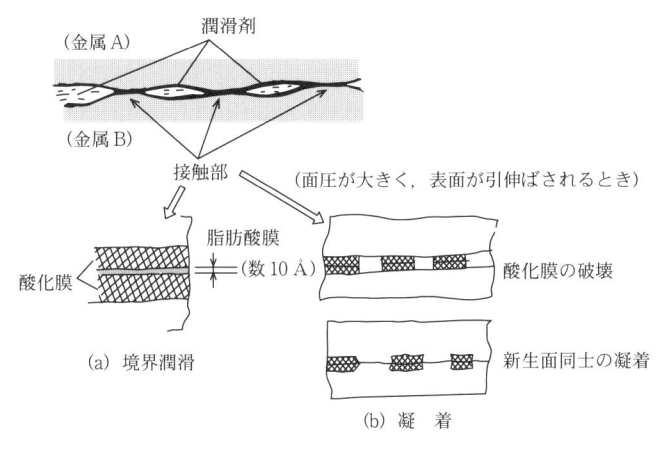

第9章 塑性加工およびプラスチックの成形

図 9.15 金属同士の接触状態

触面積の比は接触率（contact ratio）とよばれる．ここで（巨視的な）摩擦応力 τ_f について考えてみる．接触率を β，接触部および非接触部での摩擦応力をそれぞれ τ_{cont}，$\tau_{\text{non-cont}}$（$\tau_{\text{cont}} \gg \tau_{\text{non-cont}}$）とおくと，摩擦応力 τ_f は次式で与えられる．

$$\tau_f = \beta \tau_{\text{cont}} + (1-\beta) \tau_{\text{non-cont}} \tag{9.23}$$

通常の機械の摺動部分における接触率 β はきわめて小さく，$10^{-3} \sim 10^{-2}$ 程度であるといわれている．一方，塑性加工では大きな力で工具が材料に押しつけられるため，接触率 β は 0.1～0.8 程度にもなる．

B．境界潤滑，凝着および流体潤滑

式（9.23）より，とりわけ接触率 β が大きなときには接触部の摩擦応力 τ_{cont} の大きさが巨視的な摩擦応力を大きく支配していることがわかる．この接触部では，素材金属と工具材料の表面（それぞれ酸化膜を持つ）の間には動植物油に含まれる脂肪酸の薄い（数10Å）膜が存在する．この膜は両金属表面と強固に結びついており，**境界潤滑膜**（boundary lubricant layer）とよばれている（図 9.15 参照）．このとき，接触部の摩擦応力 τ_{cont} はこの境界潤滑膜のせん断変形抵抗である．このような状態における潤滑状態は**境界潤滑**（boundary lubricant）とよばれる．

工具と素材金属の間の面圧がきわめて大きくなると，接触部において素材金

属および工具表面の酸化皮膜が壊され，境界潤滑膜が切れて，金属の新生面同士が直接接触している部分が生じる（図 9.15 参照）．ここでは工具と金属は主に強固な金属結合をしており，それを引き離すには大きなせん断力の作用が必要となる（τ_{cont} は素材金属のせん断降伏応力に近い値となる）．このような状態は**凝着**（adhesion）とよばれる．凝着が生じると，素材金属と工具を引き剝がすときに素材や工具の表面に損傷を与えるようになる．凝着した面が大きくなり，摺動面の発熱も加わり，最悪の場合には工具と素材金属が焼付きを起こす．

素材金属および工具が潤滑剤により完全に隔てられている場合の潤滑は**流体潤滑**（fluid lubricant）とよばれ，このときの摩擦力は流体膜の粘性抵抗だけによるので摩擦力は境界潤滑状態に比べて著しく低下する．なお，部分的に工具と素材金属が接触している場合には境界潤滑と流体潤滑が混ざり合っているので**混合潤滑**（mixed-mode lubricant）というが，このとき表面の凹凸が大きな素材金属と工具の間に閉じこめられた潤滑剤は高い静水圧を発生して面圧を支え持ち，接触率を低く抑えるとともに接触面圧を低下させる作用を持つ．また，この潤滑剤の静水圧が接触面圧と同じ程度に上昇すれば，この潤滑剤が接触部に浸入し潤滑状態をよくする．以上のような効果が期待できるため，板の表面を粗らしたり（ダル仕上げ），バルクでは酸により表面を粗らすなどにより潤滑剤の溜まる部分を増やす工夫もなされている．

C．摩擦低減/保持効果を利用した加工法

摩擦をうまく制御することにより成形限界を向上している例を示す．静水圧押出し（hydrostatic extrusion，図 9.1.A 3 参照）では，コンテナと素材（ビ

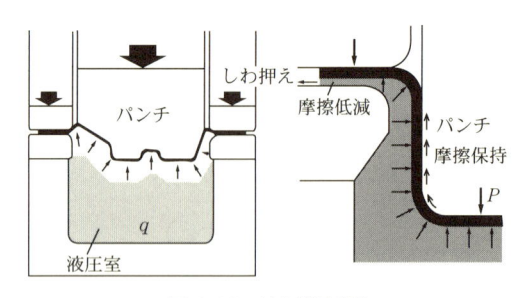

図 9.16 対向液圧成形

レットという）は接することがなく，またダイスと素材の間は油で潤滑されているため摩擦がかなり低減でき，押出し力を小さくすることができる．

対向液圧成形（hydraulic counterpressure deep drawing）は，図9.16に示すように液（油）圧室内で板材のプレス成形を行うもので，通常よりきわめて深い容器の成形が可能となる．このときの液圧の効果は次の2つが考えられる．
(1) 摩擦低減効果：フランジ部の材料と工具の間に油を供給することにより摩擦を低減し，パンチ力を小さくする．(2) 摩擦保持効果：パンチに板を液圧で押しつけることによりパンチと側壁の間の摩擦力を大きくし，パンチ肩部付近の板（通常はここで板の破断が起こる）にかかる力を低減する．

9.6 塑性加工用工具材料の選択

塑性加工では工具（ダイス，パンチ，ロールなど）に大きな力が作用し，また素材と工具の間の相対的すべりが生じるので，工具には一般的に次のような特性が求められる．
① 高強度かつ高靭性で破損や塑性変形を生じない．
② 焼付きや摩耗が生じない．
③ 熱間加工用工具では高温での強度が高い．

さらに，実際の塑性加工用工具材料の選定には工具製作費を低く抑えることも重視される（例えば，圧延ロールや板成形プレス用大型金型では鋳造品が多く使われる）．表9.1には代表的な塑性加工用の工具材料を示す．

表 9.1 塑性加工用工具材料の代表例

材　料	規　格	特長および用途
鋳鉄	(FC材)	板成形用プレ金型
鋳鋼・鍛鋼	(SC，SF材)	熱間・冷間圧延ロール
炭素工具鋼	(SK 1〜7)	せん断（打ち抜き）金型
合金工具鋼	(SKD 1〜3，11，12 など)	冷間耐摩耗用金型
	(SKD 4〜7，61，SKT 3，4 など)	熱間用金型
高速度工具鋼	(SKH 52〜57 など)	耐衝撃用高靭性金型
超硬合金	(WC，WC-Co 合金など)	優れた耐摩耗と強度

9.7 プラスチックの成形

図9.17にはプラスチックの代表的な成形法として射出成形（injection molding）の原理を示す．ホッパより樹脂材料（粒状のペレット）をシリンダ内に入れ，これを加熱しながらスクリュ回転により溶融・混練する．さらにスクリュ軸を油圧等によって移動させることによって溶融樹脂をノズルから金型内に射出して，冷却・固化させる．射出成形では電子機器のコネクタなどの小さな部品から洗濯機浴槽などの大型製品までの成形に広く使われている．熱可塑性樹脂の成形は，樹脂材料ペレットの溶融・混練とその押出し（この点は射出成形の場合と同じようなスクリュ回転による）後に行われる．成形方法は塑性加工に類似で，ノズル先端にダイスを用いて押出すと管，形材などが製造でき，ガス圧装置を設けることでペットボトルなどのブロー成形（blow molding）ができる．また，シートの成形は金属板における連続圧延と類似な方法（カレンダー成形（calender molding）とよばれている）で行われている．なお，熱硬化性樹脂はFRPの成形に多く使われるが，これでは，常温で液状の樹脂を含浸させたガラス繊維や炭素繊維を巻取ったり，繊維織物（シート）に樹脂を含浸させたものを型に入れて成形し，加熱・固化させて製品とする．

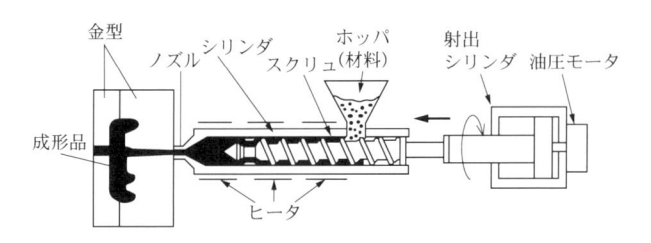

図9.17　プラスチックの射出成形

9.8 成形加工過程の数値シミュレーション

通常，塑性加工で1つの製品を作るためには異なる工具を用いた数段階の加工を行うことが多い．塑性加工過程における加工力（あるいは材料内部の応力），

変形（ひずみ）を計算により求めることができれば，数値シミュレーションにより塑性加工の最適工程設計も可能となる．成形加工過程の数値シミュレーションの最も大きな役割は，実際に加工しなくても計算（主に力学計算）により加工過程を再現し（バーチャルマニュファクチュアリング（virtual manufacturing, 仮想生産）），その工程や加工条件の良否を知ることである．

簡単な塑性加工については，§9.2 A で述べたように，1次元的な力の釣り合い（§9.2 A の【例1】），塑性エネルギー消散（【例3】）などから加工力，工具面圧などを求めることができる．このような解法は**初等解法**（elementary method）とよばれ，結果が簡単な式で表せたり，数値計算を伴う場合でもきわめて小規模な計算ですむという利点があるが，複雑な問題では解を得るのが難しい．塑性加工過程の解析手法としては，これらの他にも**上界法**(upper bound theorem approach)，**すべり線場法**（slip-line field theory）などの解法があるが，これらによっても限られた問題しか解を得ることができない．

一方，近年めざましい進歩をとげた解析法として**有限要素法**(Finite Element Method : FEM)があげられる[*1]．この方法では，近似的には§4.3 で述べた力学の基礎方程式をすべて満足する定式化が行われている．解析対象とする物体は有限個の要素（1個の要素はいくつかの節点よりなる）の集まりとして表現される．内力・外力は節点にかかる力（節点力）として，変形は節点の移動（節点変位）により表される（図9.16参照）．最終的に解くべき方程式は節点力と節点変位の関係式（**剛性方程式**（stiffness equation）とよばれる大規模な連立1次方程式）となる．FEM は，きわめて高い汎用性を有し（複雑な3次元問題でも解くことが可能），解の精度も高いため，市販のコードも広く使われている．一方，計算が大規模となるため計算機の能力（演算速度および記憶容量）は高いものが要求される．図9.18(a), (b) には FEM による鍛造および板のプレス成形の変形シミュレーションの例を示す．なお，FEM によるプラスチックの成形（射出成形，ブロー成形など）シミュレーションも行われている．

最近では，FEM シミュレーションと材料試験から得られる情報を組み合わせて，成形限界（バルク加工における延性破壊，板材成形における局部くびれなど）の解析的予測も行われている．また，加工熱処理における結晶粒径，材

[*1] 理論の詳細は例えば章末文献3) を参照．

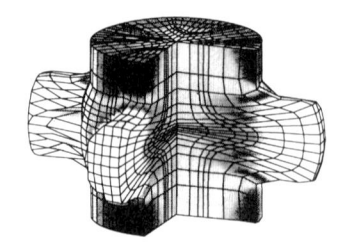

(色の薄い部分が大きな相当塑性ひずみ)

(a) 剛塑性FEMによる鍛造のシミュレーション
(岡田達夫氏の好意による)

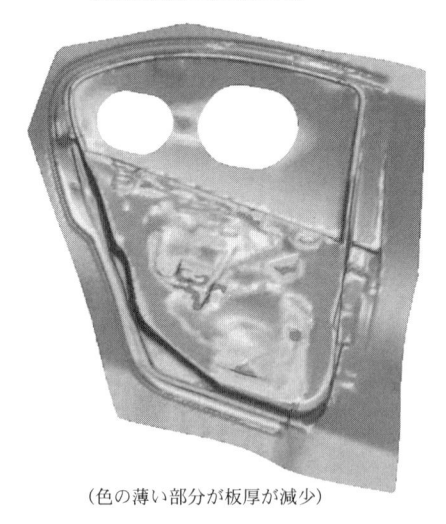

(色の薄い部分が板厚が減少)

(b) 板のプレス成形の弾塑性FEMシミュレーション
(PAM-STAMPによる解析)

図 9.18 塑性加工のFEMシミュレーション

料組織(例えばマルテンサイト相の体積分率など)の予測も可能となっている．

[演習問題]

1. 黄銅(平均変形抵抗 $\bar{Y}=400$ MPa)の直径10 mmの丸棒を押出しによって直径6 mmにしたい．押出し力を次の2つの場合：(a) 無摩擦を仮定，(b) 摩擦係数が0.2，について求めよ．ただし(b)の場合には最適なダイス角度も求めよ．
2. 直径100 mmの鋼丸棒を据込み鍛造により直径150 mm, 厚さ50 mmの円板を

作りたい．(a) 素材の高さはおよそどの程度にしたらよいか．(b) 加工力を求めよ．ただし，材料の応力-ひずみ関係は次式：$\sigma = 250\varepsilon^{0.2}$ で与えられている．摩擦係数は 0.3 とせよ．
3. 板材の単軸引張り試験より得られる機械的性質について調べ，それらとプレス成形性の関係を明らかにせよ．
4. 円筒深絞り成形におけるパンチ力は主にフランジ部の絞り込み抵抗力＋しわ押え力による摩擦力によって決まる．このパンチ力を推定するため，図 9.19 に示すような孔あき円板（板厚：t，内半径＝ダイス孔半径：r_i，外半径＝フランジ半径：r_0）の孔縁に引張り応力 σ_{ri}，外縁に σ_{r0}（摩擦によりフランジ外縁を引張る応力）が作用した問題を考えてみる．このときのパンチ力を $P = 2\pi r_i t \sigma_{ri}$ として概算せよ．ただし，板の平均変形抵抗は $\bar{Y}$ とおく．
5. 熱間および温間加工の意義について述べよ．
6. 塑性加工は通常何段階かの工程を経て（例えば，鍛造の例を図 9.20 に示す）行われることが多い．その理由を考えよ．
7. 塑性加工における摩擦・潤滑の役割について調査せよ．
8. 鍛造および板材成形の数値シミュレーションでは，塑性加工工程の設計や改善に役立つどのような情報が得られるか．

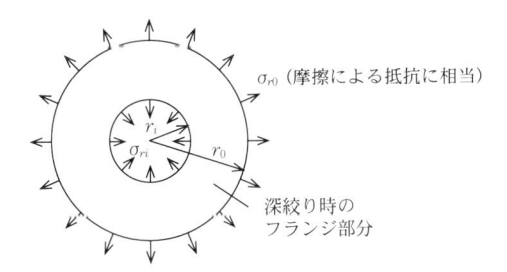

図 9.19 円筒深絞りにおけるフランジ部のモデル
（σ_{ri} は深絞り応力に相当）

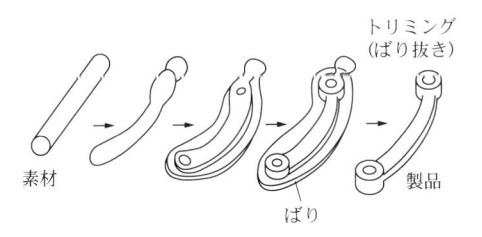

図 9.20 型鍛造の例

参 考 文 献

1) 工藤英明：塑性学（森北出版，1968）
2) 大矢根守哉ほか：塑性加工学（コロナ社，1974）
3) 吉田総仁：弾塑性力学の基礎（共立出版，1997）
4) 日本塑性加工学会編：わかりやすいプレス加工（日刊工業新聞社，2000）
5) 川並高雄，関口秀夫，斉藤正美：基礎塑性加工学（森北出版，1995）
6) 長田修次，柳本潤：基礎からわかる塑性加工（コロナ社，1997）
7) 実用プラスチック成形加工事典（産業調査会，1997）

10 機械加工および特殊加工

> 機械加工および特殊加工は，不要部分を取り除く除去加工に分類され，工作機械に代表される加工機械を用いて素材（工作物，金属を対象とすることが多い）に機械的な力や熱的なエネルギー，あるいは電気・化学的エネルギーを加え局部的に破壊や溶融・蒸発を生じさせて不要な部分を取り除く加工である．

10.1 機械加工における技術的課題

A．主な機械加工法および特殊加工法

図10.1に機械加工および特殊加工の分類を示す．機械加工では工具を工作物に食い込ませる（干渉させる）必要があり，干渉させる方法として干渉量（切込み量とよばれる）を強制的に与える場合（強制切込み加工）と，工具と工作物間をある一定の力で押しつけて切込みを与える方法（圧力切込み）の2つに大別できる．また，特殊加工は与えるエネルギーにより分類される．よく使われる代表的な加工法を以下に示す．

（1） 切削加工（cutting）：バイトやドリルなどの工具を用いて不要部分を切りくずとして除去する加工．

（2） 研削加工（grinding）：研削砥石を用いて強制的に切込みを与え不要部分を削り取る加工．切込みは非常に小さく，一般に仕上げ加工として用いられる．

（3） 砥粒加工：砥粒を用いた圧力切込みによる加工の総称．砥粒の支持方法によりいくつかの加工に分類される．

（4） 放電加工（electrical discharge machining）：工具と工作物間に連続的に放電を発生させ，放電による熱エネルギーで工作物を溶融・気化させることにより不要部分を除去する加工．

（5） 量子ビーム加工（quantum beam machining）：電子やイオンや光など

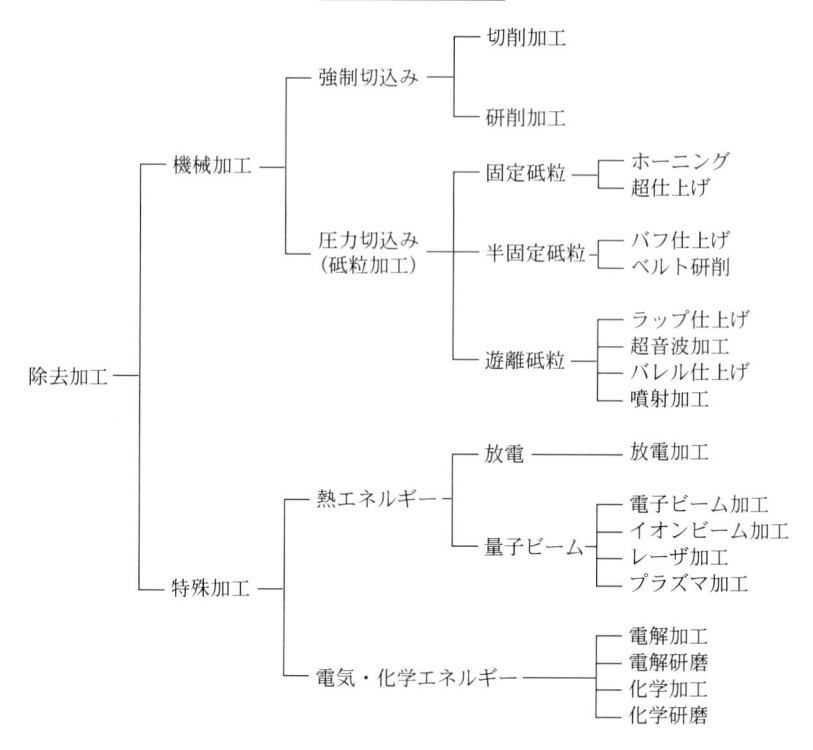

```
                              ┌─ 強制切込み ─┬─ 切削加工
                              │             └─ 研削加工
                ┌─ 機械加工 ──┤
                │             │              ┌─ 固定砥粒 ──┬─ ホーニング
                │             │              │             └─ 超仕上げ
                │             │              │
                │             └─ 圧力切込み ─┼─ 半固定砥粒 ┬─ バフ仕上げ
                │                (砥粒加工)   │             └─ ベルト研削
                │                            │
                │                            │              ┌─ ラップ仕上げ
                │                            └─ 遊離砥粒 ──┼─ 超音波加工
除去加工 ──────┤                                          ├─ バレル仕上げ
                │                                          └─ 噴射加工
                │
                │             ┌─ 熱エネルギー ──┬─ 放電 ──── 放電加工
                │             │                │            ┌─ 電子ビーム加工
                │             │                │            ├─ イオンビーム加工
                └─ 特殊加工 ─┤                └─ 量子ビーム ┼─ レーザ加工
                              │                             └─ プラズマ加工
                              │                            ┌─ 電解加工
                              │                            ├─ 電解研磨
                              └─ 電気・化学エネルギー ────┼─ 化学加工
                                                           └─ 化学研磨
```

図 10.1 機械加工と特殊加工の分類

をビームとして工作物に照射し，その熱エネルギーにより不要部分を溶融・蒸発させ除去する加工・電子ビームやイオンビーム加工は真空中で行う必要があるが，レーザ加工やプラズマ加工は大気中で行うことができる．

B． 上手に機械加工するための視点

機械加工の目的は素材から不要な部分を取り除き，目的の形状を必要とする精度やあらさで得ることであり，このためには加工される素材（工作物）と加工するための工具（刃物や電気・熱エネルギーを運ぶ物），素材と工具を支持・運動させるための機械，および加工の結果取り去られる不要部分，の4つについてそれぞれ注意が必要である．

① 素材については加工しやすい材料が望ましく，設計段階から加工を考慮に入れた材質の選択が必要．

② 工具としては加工中の損傷が少なく，安価でしかもできるだけ少ないエネルギーで加工できることが必要．
③ 機械としては，加工精度が最も重要な問題である．
④ 加工の結果取り除かれる不要部分についてはできるだけ少ないほうが資源の有効利用・エネルギー消費という観点から見ても必要不可欠である．不要部分（切りくず）には素材がどのような変形過程を受けたかが残されている場合が多く，これを詳細に見ることで加工中の状況を判断することも可能である．

10.2 切削加工

A．切削加工の特徴

切削加工とは「刃物（切削工具）を加工物(work)に当てて動かし，その内部に局部的に発生する大きな応力で破断を起こさせることによって，不要な部分を切りくず(chip)として分離し，所望の形状の新断面を持った製品を作ること」[1]と定義されている．この定義から下記に示すようないくつかの特徴[1]を導き出すことができる．

① 必要な要素が非常に少ない．
② たいていの材料が切削加工可能である．
③ たいていの形状が加工可能である．
④ 荒加工から超精密な仕上げ加工まで可能である．
⑤ 生産個数の制限がほとんどない．
⑥ 他の加工に比べエネルギー効率が高い．

一方，以下のような欠点を持つ．

① 不要部分を切りくずとして出す．
② 工具と工作物との間に相当量の力を加える必要がある．
③ 加えられたエネルギー（力×距離）の大部分は熱に変わる．
④ 工作物表面に加工変質層を作る場合がある．

B．切削機構

切削加工を効率よく行うためには，工具刃先で生じている現象を正しく理解

し，できれば望ましい方向にコントロールする必要がある．このため古くから刃先で生じている現象に対し力学的検討を含め多くの研究が行われてきた．

(a) 2次元切削と3次元切削

工具刃先で生じている現象を力学的に取り扱うには，力や速度などが2次元平面上で記述できると便利である．このため切削機構の解析では2次元切削を対象として発達した．2次元切削は図10.2に示すように切刃が切削方向に直角で，切刃に対して任意の直角断面ですべて同じ切削状態，すなわち2次元的に記述できる切削状態になっている場合を示す．一方，傾斜切削や図10.3に示す旋削などの3次元切削では，切刃は切削方向に対し直角とは異なる角度を持ったり，切刃が曲線部分を持つなど，切削状況を記述するためには3次元的検討が必要である．3次元切削は現象が複雑であることから理論的・解析的な検討は困難であるが，今日では有限要素法などを用いて力学的に現象を解明する研

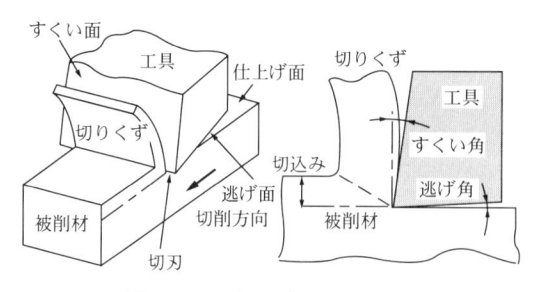

図 10.2 2次元切削とその断面図

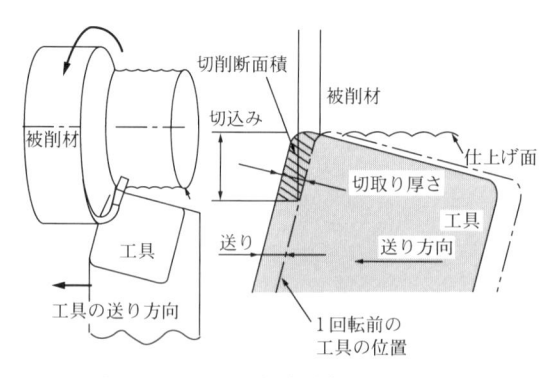

図 10.3 3次元切削（旋削）とその平面図

究が進められ,多くの成果が得られている.

(b) 切削比,せん断角およびせん断ひずみ

図10.4は,2次元切削で安定した流れ型の切りくずを生成している場合の工具刃先の幾何学的関係を示している.切取り厚さ t_1 と切りくず厚さ t_2 との比 rc

$$t_1/t_2 = rc \tag{10.1}$$

は切削比(cutting ratio)とよばれ,切りくずが受けた変形の程度を表す重要な量である.工具刃先と切りくずの根本を結ぶ線と刃先の進行方向とのなす角をせん断角(rake angle)といい,金属の切削では $t_1 < t_2$ となるのが普通でありせん断角は通常 45°以下となる.せん断角 ϕ とすくい角 α および t_1, t_2 の間には次の関係がある.

$$\frac{t_1}{\sin\phi} = \frac{t_2}{\cos(\phi-\alpha)} \tag{10.2}$$

これを ϕ について整理し,切削比を rc と表すと式(10.3)が得られる.

$$\tan\phi = \frac{rc\cos\alpha}{1-rc\sin\alpha} \tag{10.3}$$

すなわち,すくい角 α は既知の値であることから,切削比 rc がわかればせん断角 ϕ を求めることができる.

切りくずが受けるせん断ひずみは図10.4に示されているように,被削材中の平行四辺形 ABCD が工具の進行に伴って A'BCD' に変形して切りくずになったとすれば,四辺形が受けたせん断ひずみは,

$$\gamma = \frac{\overline{AA'}}{\overline{BE}} = \frac{\overline{AE}}{\overline{BE}} + \frac{\overline{EA'}}{\overline{BE}} = \cot\phi + \tan(\phi-\alpha) \tag{10.4}$$

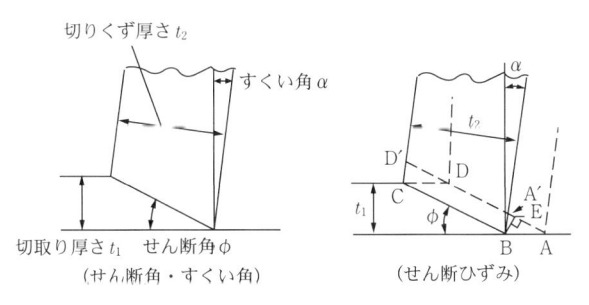

図 10.4 工具刃先の幾何的関係

となる．一般には $\cot\phi \gg \tan(\phi-\alpha)$ であるのでせん断角が大きいほどせん断ひずみは小さくなる．またせん断面におけるひずみ速度はせん断面における変形速度を Vs とすると

$$\dot{\gamma} = \frac{Vs}{\mathrm{BE}} \tag{10.5}$$

となるが，ひずみ速度は一般に $10^5 \sim 10^6 \, \mathrm{S}^{-1}$ といわれており，通常の材料試験のひずみ速度に比べ非常に大きな値といわれている．

（c） 切りくずの形態と構成刃先

切削加工は，被削材の不要部分を切りくずとして分離する加工であり，切りくずは刃先で行われた切削現象について多くの情報を持っている．切りくずの形態は切削される材質に大きく左右され，図10.5に示す4～5種類に分類される．

構成刃先（built up edge）は図10.6に示すように，工具刃先に加工硬化を受けた被削材の一部が堆積・凝着し，これが擬似的な刃先として働いているものであり，鋼やアルミニウムなど適度な延性を持ち加工硬化しやすい材料を切削

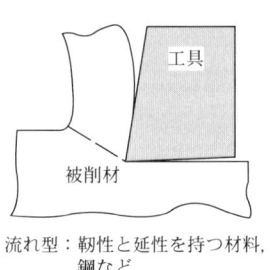

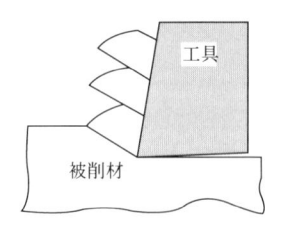

流れ型：靭性と延性を持つ材料，鋼など

せん断型：せん断変形が間欠的に発生，黄銅など

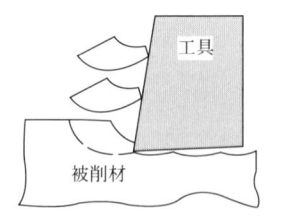

き裂型：脆性材料，鋳物など

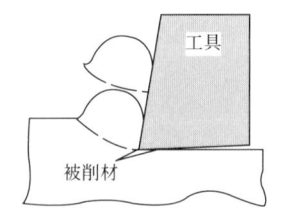

むしり型：柔らかく延性が大きい材料，アルミニウム銅など

図 10.5　切りくずの形態

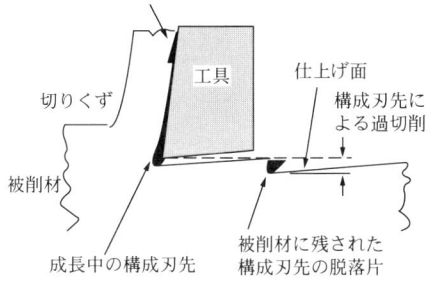

図 10.6 構成刃先とその脱落

した場合に発生する．構成刃先は被削材種だけでなく，工具材種，切削速度，切削厚さ，切削油剤などにより左右される．特に切削速度については刃先温度が被削材の再結晶温度付近に達すると消滅する[2]といわれている．また，構成刃先は非常に短い時間で (1/10〜1/200 S) で発生，成長，分裂，脱落を繰り返すことが報告[2]されている．

C．切削抵抗

（a）切削抵抗と切削動力

工具が被削材中を進行すると被削材は工具から，また工具は被削材から力を受けることになる．この力を切削抵抗（cutting force）とよぶが，切削抵抗は切削に必要な動力，加工物の寸法や形状精度・仕上げ面あらさ，工具寿命，切削温度など，非常に多くの項目に影響を及ぼす．

旋盤による丸棒の旋削を考えると図 10.7 に示すように，工具に働く切削抵抗 R は次の各方向の分力に分解できる．

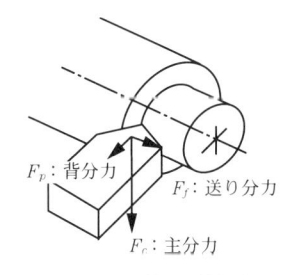

F_p：背分力
F_f：送り分力
F_c：主分力

図 10.7 旋盤による丸棒の旋削時の切削抵抗

主分力は切削方向に働く力であり，切削速度を V (m/min) とすると，主軸の動力 N (w) は，主分力を F_c (N) として，

$$N = \frac{F_c \times V}{60} \tag{10.6}$$

で表される．なお，切削速度 V (m/min) は被削材の直径を D (mm)，回転数を n (rpm) とすると，

$$V = \frac{\pi D n}{1000} \tag{10.7}$$

また，送り分力 F_f (N) による送り動力 N_f (w) も同様に求められ，

$$N_f = F_f \times V_f \tag{10.8}$$

ここで V_f は，送りを f (mm/rev)，回転数を n (rpm) とすると

$$V_f = \frac{f \cdot n}{60 \times 1000} \tag{10.9}$$

(b) 2次元切削における切削抵抗

2次元切削におけるせん断面に働く切削抵抗の釣り合い式を考えると図10.8に示すようになる．

切削抵抗 R が加わった結果せん断面でせん断変形が生じたとすると，被削材のせん断変形応力を τ_s，切削幅を b とすると，せん断力は切削抵抗 R のせん断面方向の力 $F_s (= R \cos \omega)$ となることから，

$$R \cos \omega = \tau_s \frac{b t_1}{\sin \phi} \tag{10.10}$$

また，せん断面と切削抵抗 R とのなす角 ω は，工具すくい面のせん断力 F と垂直力 N とのなす角を β (β はせん断力÷垂直力となり，摩擦角に相当する) とすると

$$\omega = \phi + \beta - \alpha \tag{10.11}$$

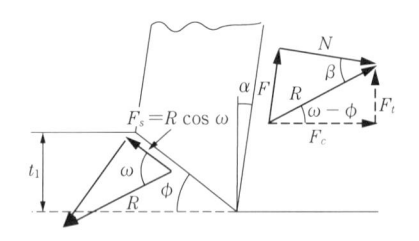

図 10.8 せん断面における切削抵抗の釣り合い

したがって，切削抵抗の主分力 F_c と背分力 F_t は，

$$F_c = R\cos(\omega-\phi) = \frac{bt_1\tau_s\cos(\beta-\alpha)}{\sin\phi\cos(\phi+\beta-\alpha)} \tag{10.12}$$

$$F_t = R\sin(\omega-\phi) = \frac{bt_1\tau_s\sin(\beta-\alpha)}{\sin\phi\cos(\phi+\beta-\alpha)} \tag{10.13}$$

となる．

ここで，切削幅 b，切取り厚さ t_1 およびすくい角 α は切削条件によって決まる値であり，τ_s は被削材の材質と変形条件によって決まる値である．また，摩擦角 β も工具と被削材の材質およびすくい面における摩擦条件により決まると考えると，せん断角 ϕ がわかれば切削抵抗を計算上求めることができる．

せん断角がどのように決定されるかについては歴史的に見ても非常に多くの研究がなされている[3]が，現実の値に近い解を求めれば求めるほど計算式は複雑となり，袋小路に入り込む様相となっている．これは実際の工具刃先における変形は図 10.4 に示すように単一の平面内で生じているのではなく，ある領域内で徐々に変形が進行しているためで，このため今日では理論的解析よりも有限要素法などコンピュータを用いた数値解析が行われ，実際の値に近いシミュレーションが得られている．

（c） 切削条件と切削抵抗

図 10.9 に切込み，送りなど切削速度以外の条件を一定として切削した場合の切削抵抗の速度に対する変化を示す．切削速度が高くなるとせん断角が大きくなり，切りくずが薄くなると同時に切削温度も上昇するため，被削材が軟化することから切削抵抗は減少するが，ある速度以上になるとほぼ一定となる傾向を示すことがわかる．なお，低速度での切削抵抗の変動は構成刃先の生成脱落

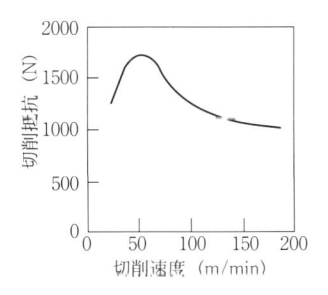

図 10.9 切削速度と切削抵抗

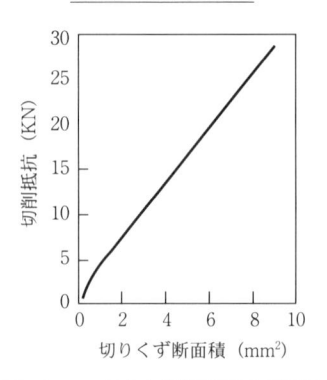

図 10.10 切りくず断面積と切削抵抗

によるものである．

　図 10.10 に切削速度を一定として切込み d×送り f を変化させて切削した場合の切削抵抗を示す．切削断面積がある程度大きくなると切削抵抗は切込み×送り（切りくず断面積）と比例関係にあることから比例定数を K_s(N/mm^2) として

$$F_c = K_s df \tag{10.14}$$

と表すことができる．ただし，K_s は被削材種のみでなく，切削条件（切削速度，切込み，送り，工具の形状など）によって変わる値であり，切削抵抗の厳密な値を求めたいときには注意する必要があるが，概略値を知るには便利な値である．なお，図 10.9 の切削断面積が小さい範囲では比切削抵抗が大きくなることが知られている．これは切削抵抗の寸法効果とよばれ，切刃の鋭利さや摩擦応力の増加，仕上げ面表層の流動仕事などが影響している．

D．切削温度

（a）切削熱と切削温度

　切削加工では被削材から切りくずを変形分離させるためにエネルギーが消費される．消費されるエネルギーは図 10.11 に示すように 4 つに分類される．これらのエネルギーの大部分は熱に変わり工具，切りくず，工作物の温度を上昇させる．工具の温度は工具自身の摩耗や損傷を促進させ，切りくずの温度は工作機械へ伝わることにより機械の熱変形の原因となり，また工作物の温度上昇

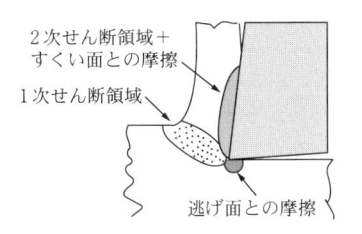

図 10.11　切削熱の発生領域

は工作物の寸法精度や加工された表面の性状に影響を与える．

　切削熱の各部への流入割合に対しては，カロリーメータ法を用いた測定や熱伝導から求める試みがなされており，切削速度が上昇するに従って，切りくずへの流入割合が大きくなり工具への流入割合は減少するが，切削速度100 m/min で 70～90％ が切りくずへ，5～10％ が工具へ，残りが工作物へ流入するといわれている[4]．

（b）　切削条件と切削温度

　切削温度を解析的に求めるためには切刃前方に微少要素をとり，この微少要素がせん断領域を通過する際の熱量の釣り合い方程式を解く必要がある．

$$\rho c \frac{\partial \theta}{\partial t} = K\left(\frac{\partial^2 \theta}{\partial x^2} + \frac{\partial^2 \theta}{\partial y^2} + \frac{\partial^2 \theta}{\partial z^2}\right) - \rho c \left(Vx \frac{\partial \theta}{\partial x} + Vy \frac{\partial \theta}{\partial y} + Vz \frac{\partial \theta}{\partial z}\right) + Q \quad (10.15)$$

ここで，ρ：被削材の密度，c：比熱，K：熱伝導率，θ：温度，t：時間，Vx，Vy，Vz：微少要素の x，y，z 方向速度成分，Q：微少要素の単位時間あたりの発熱量．

　なお，左辺は微少要素内の被削材の温度上昇に費やされる熱量で，右辺第1項は温度勾配による熱伝導により微少要素に流入する熱量，右辺第2項は微少要素内に入ってくる要素が持ち込む熱量と出ていく材料が持ち出す熱量の差，第3項は領域内での発熱量である．しかしながら，この釣り合い方程式は解析的に解くことが困難であることから，近似モデルを使って解を求める方法や，有限要素法を用いて数値計算する方法などが行われている．

　詳細な温度分布を知ることは理想的であるが，切削温度が切削速度や切込みあるいは工具材料によりどのように変化するかを概略的にでも求めることがで

きれば，工具摩耗その他の対策を考える上で非常に参考となる．このため，古くから温度測定や簡単な解析が行われており，Shaw[5] は切削温度 θc を以下のように求めた．

$$\theta c \fallingdotseq c'u\sqrt{\frac{Vh}{(K\rho c)}} \tag{10.16}$$

ここで，u：比切削エネルギー(Fc/A)，Fc：切削主分力，A：切削断面積，V：切削速度，h：切り取り厚さ，K：被削材の熱伝導率，ρ：被削材の密度，c：被削材の比熱

なお，比切削エネルギーは切り取り厚さ h が減少すると大きくなる傾向があり（寸法効果とよばれる），ほぼ，

$$u \propto h^{-0.2} \tag{10.17}$$

の関係があることが知られていることから

$$\theta c \propto V^{0.5}h^{0.3} \tag{10.18}$$

となる．したがって，切削温度は切削速度や切り取り厚さといった切削条件の影響を大きく受けるが，被削材の熱特性（熱伝導率，密度，比熱）も大きく影響し，熱特性が小さな被削材，例えばステンレス鋼やTi合金の切削では温度が上昇しやすくなることがわかる．

E．加工精度と切削仕上げ面

機械加工された工作物の品位は通常，幾何学的精度と材質的変化に大別され，幾何学的精度はさらに

① 寸法精度（直径や長さなど）
② 形状精度（真直度，平面度，真円度，円筒度など）
③ 面精度（表面あらさやうねりなど）

に分けられる．また，材質的変化では

① 加工変質層
② 残留応力
③ 表面硬さの変化

などが問題とされる．これらのうち，寸法精度や形状精度は加工に使用した工作機械の精度に強く依存（工作機械の母性原理とよばれる）するが，面精度や

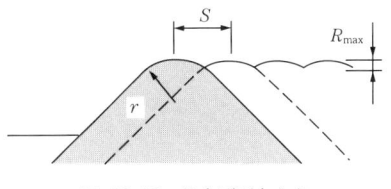

図 10.12 仕上げ面あらさ

材質変化は切削速度や工具の形状などの加工条件により大きく異なることから，加工条件とこれらの品位がどのように関係しているかを知ることは重要である．

（a） 切削仕上げ面のあらさ

旋盤による加工を考えると，切削仕上げ面のあらさは，工具摩耗や加工中の振動などの予測が困難な要因を除いた理想的な条件下では，図 10.12 に示すように工具刃先の形状が被削材に転写される．この場合，理想的なあらさ（理論あらさとよぶ）R_{max} は，刃先丸みを r (mm)，一回転あたりの送り量を s (mm/rev) とすれば，

$$R_{max} \fallingdotseq \frac{s^2}{8r} \tag{10.19}$$

となる．実際の工作物表面のあらさは，工具摩耗，構成刃先，切刃の形状精度，送り量の変動などにより，理論あらさより通常大きくなる．

したがって，工作物のあらさが問題となる場合，得られたあらさ曲線上で送りマークが正しいピッチとなっているか，谷の深さがそろっているか，を確認した上で，あらさを改善する方策を考えればよい．

（b） 幾何学的精度

工作物の幾何学的精度は，工作機械に起因するものと切削現象に起因するもの，の2つに大別できる．工作機械に起因するものとしては

① 工作機械の静的精度（各部の運動精度）
② 工作機械の動的精度（振動や熱変位など運転に伴う要因）

があり，切削現象に起因するものとしては

① 切削抵抗による工作物や工具の変形
② 切削熱による工作物や工具の変形

③　工具の摩耗

などが考えられる．

F．切削工具

（a）　切削工具の種類

切削加工は，切削工具により被削材内部に局部的に大きな応力を発生させ被削材を破断させる加工であり，工具としては被削材内部に発生させた応力に耐えることが基本的な特性として要求される．工具刃先の環境を考えると工具材料に要求される特性としては

① 被削材に比べ十分な硬さを持つ
② 衝撃に対する十分な靭性を持つ
③ 高温下でも安定した特性を持つ
④ 工具として必要な形状に加工できる

などがあげられる．しかしながら，硬さと靭性は一般に相反する特性であるため両者を備えた工具材料は得難く，被削材や切削様式により最適な工具材種の選択を行う必要がある．

現在使用されている工具材料の種類をまとめると表10.1のようになる．工具材料としては多くの種類が使用されているが，大きく分けると，

① 熱処理を行うことにより硬さを高くして使われる工具（炭素工具鋼，合金工具鋼，高速度鋼）
② 熱処理を必要としない硬い材料を成型した工具（超硬，サーメット，セラミックス，コーテッド工具など）
③ 超硬質素材を利用した工具（cBN，ダイヤモンド）

の3つに分類できる．それぞれの工具はそれぞれ優れた特徴を持つことから，加工条件により適切な工具を選択することが重要である．

（b）　切削工具の摩耗と寿命

工具刃先はこれまでに述べたように，高い応力下で高温にさらされ，さらに切りくずや被削材が高速で摩擦することから，通常の機械部品が受ける状況よりもはるかに苛酷な条件下で使用されている．このため切削工具では摩耗や損傷は避けられず，これらのために工具が使用できなくなるまでの時間を工具寿

第10章　機械加工および特殊加工

表 10.1　代表的な工具材料

名称	主成分	製法	特徴
炭素工具鋼	Fe＋C	焼入れ焼きもどし	安価，靭性大，焼きもどし温度が低いため高速では利用できない
合金工具鋼	Fe＋C＋(Cr＋W＋Ni)		焼きもどし温度が高い（約600℃）炭素工具鋼や合金工具鋼に比べ高速切削可能
高速度鋼	Fe－1C－4Cr－18W－1V（代表例）		
超硬工具	K種：WC＋Co，P種：WC＋TiC＋TaC＋Co	焼結	高速度鋼より高温に耐える
サーメット工具	TiC＋Ni TiN＋Ni	焼結	鋼に反応しやすいWCを含まない 超硬工具より高速切削向き 靭性は超硬工具より低い
コーティッド工具	超硬工具＋硬質膜 硬質膜：TiC，TiN Al2O3 など	硬質膜の付着方法 CVD 化学的蒸着法 PVD 物理的蒸着法	母材で靭性をコーティング膜で耐摩耗性を コーティング膜がなくなれば母材と同じ性能
cBN工具	立方晶BN (天然には存在しない)	超高圧・高温で合成	非常に硬い：HV 5000程度 靭性は低い 焼入鋼などの硬い金属の切削
ダイヤモンド工具	天然ダイヤモンド 焼結ダイヤモンド	天然ダイヤモンド 超高圧・高温で合成	非常に硬い：HV 10000程度 靭性は低い，鋼に反応，鋼には不向き 非鉄金属の切削

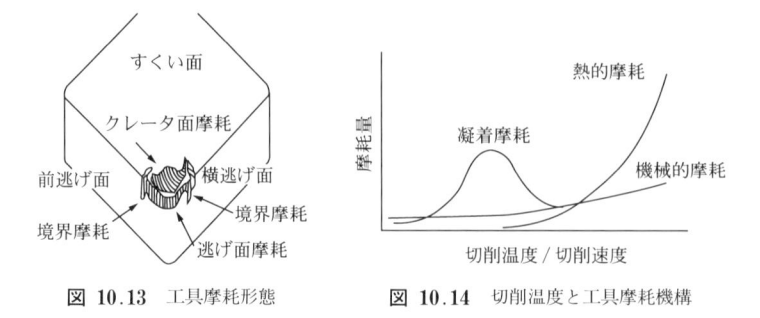

図 10.13 工具摩耗形態　　**図 10.14** 切削温度と工具摩耗機構

命とよぶ．工具寿命は不適切な条件で使用した場合は数秒，適切な条件で使用する場合でも長くて数時間程度であり，通常の機械部品の寿命に比べ非常に短いのが特徴である．このため工具寿命を如何に延ばすかが切削加工における重要な課題である．

　図 10.13 に典型的な摩耗形態を示す．すくい面に見られるクレータ摩耗は切りくずの摩擦部に発生する摩耗で，切削温度（したがって切削速度）が高い場合に見られる．なお，クレータ摩耗は正面フライス切削など，大きく（それでも数 100 μm 程度の深さ）発達する場合もあるが，旋削では数 10 μm 程度である．逃げ面に見られる摩耗は平行部摩耗と境界摩耗に分けられるが，境界摩耗は必ずしも発生するわけではない．

　工具摩耗の発生原因を切削温度の関数として分類すると図 10.14 に示すように，3 つに大別できる．これらの摩耗は必ずしも常に生じるわけではない．例えば，超硬工具で普通炭素鋼を旋削する場合は凝着摩耗はほとんど生じない．また，逆にセラミック工具でステンレス鋼などの材料を切削すると，凝着摩耗が非常に大きくなることが知られている．

　工具の逃げ面平行部摩耗を切削速度を変化させながら切削時間の経過とともに測定すると，通常，図 10.15 に示すような摩耗進行線図が得られる．この図において摩耗が例えば 0.3 mm に達した時点を工具寿命とし，寿命に達するまでの切削時間と切削速度の関係を両対数グラフにプロットすれば，両者の間には狭い範囲内であれば直線関係が成立することが知られている．この関係はこれを実験的に見つけだした研究者の名前をとってテーラーの寿命方程式とよばれており，T を工具寿命（min），V を切削速度（m/min）とすると

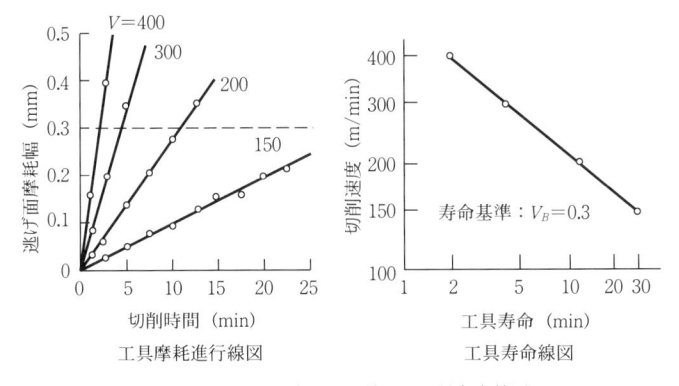

図 10.15 工具摩耗進行線図と工具寿命線図

$$VT^n = C \tag{10.20}$$

と書くことができる．

G．被削性

被削性（machinability）とは材料の削られやすさを示す．被削性の評価基準として，

① 切削抵抗
② 切削温度
③ 工具寿命
④ 仕上げ面品位および寸法精度
⑤ 切りくず処理性

などが一般に用いられる．これらは切削様式（旋削加工，フライス加工，ドリル加工など）や切削条件（切削速度，切り込み，送り，切削油剤の種類と有無），工具の種類と形状さらには工作機械の剛性などの影響を受けることから，必ずしも材料固有の値ではない．しかしながら，高い硬さや大きな強度を持つ材料では一般に切削抵抗は大きくなり，熱伝導性の低い材料の切削では切削温度が高くなることから，材料特性からある程度被削性の大小の判断が可能である．

図 10.16 は代表的な材料について，切削抵抗と切削温度に影響を及ぼす，被削材の硬さ，引張り強さ，伸びおよび熱特性値をレーダーチャート[6]にまとめたものである．図の各特性値で囲まれた面積が大きいほど被削性が悪い（難削性

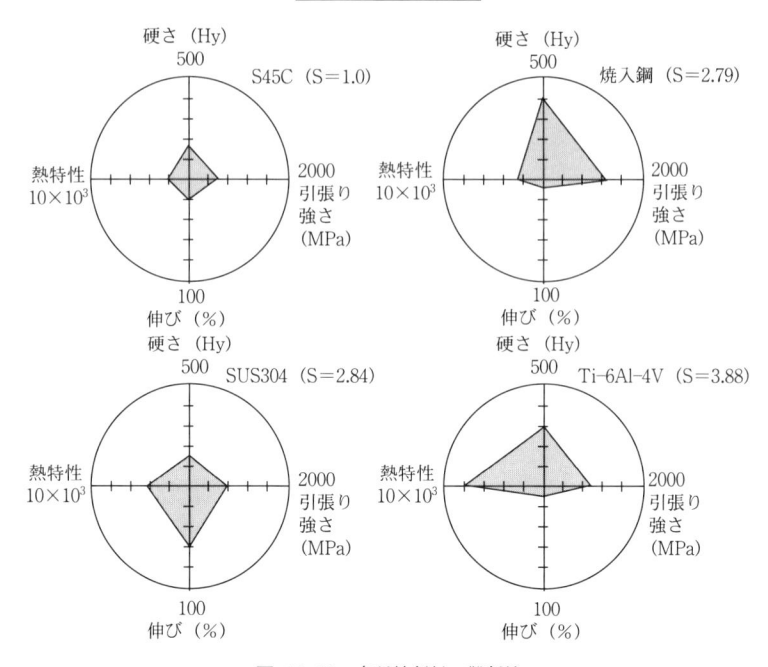

図 10.16 各種被削材の難削性

とよぶ）とすれば，普通炭素鋼に比べステンレス鋼や焼入鋼はかなり被削性が悪いことがわかる．

被削性を改善した鋼を快削鋼とよぶ．快削鋼では被削性を積極的に改善するために，快削添加物とよばれる元素や材料が添加されており，快削添加物としては，硫黄，鉛，セレン，テルル，CaやSiなどの複合酸化物がよく知られている．これらを加えた鋼はそれぞれ硫黄快削鋼，鉛快削鋼，複合快削鋼，脱酸調整快削鋼とよばれている．

10.3　研削加工

A．研削加工の特徴

研削加工とは，「非常に硬度の高い砥粒を結合材で固めた研削砥石を工具として用い，それを高速回転で回転させながら工具と干渉させることによって工作物を削る加工法である．」と定義されている[8]．研削加工の概念を図10.17に示

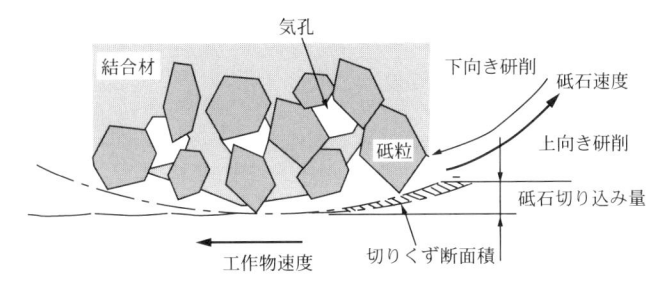

第10章　機械加工および特殊加工

図 10.17　研削砥石と研削加工

すが，この定義から下記に示すいくつかの特徴が導き出せる．
① 多数の切れ刃が存在する（切りくずの一つ一つは非常に小さい）
② 加工された表面あらさが小さく，加工精度が高い
③ 高能率である（多数の切刃が同時に加工する）
④ 高硬度材でも加工できる（硬さの高い砥粒が使用できる）
⑤ 砥石表面は時々刻々変化する（砥粒は研削抵抗などによって摩耗・破砕・脱落を繰り返す）

一方，以下のような欠点も持っている．
① エネルギー効率が悪い（砥粒の先端は大きなマイナスのすくい角で切込みも小さい）

B．研削砥石
（a）　研削砥石の性能を左右する要因

研削砥石は図10.17にも示したように切刃となる砥粒を結合材で焼結したもので，内部に気孔を持つものが多い．したがって研削砥石の性能は，
① 砥粒の種類
② 砥粒の粒度（砥粒の大きさ）
③ 結合材の種類
④ 結合度（結合材が砥粒を結合する強さ）
⑤ 組織（砥石中の砥粒の間隔）

により大きく異なる．砥粒の種類および特徴を表10.2に，結合材の種類を表10.3に示す．

表 10.2　砥粒の種類

分類	種類	特徴	用途
A 系	A 砥粒	アルミナを主成分とする褐色砥粒	一般の鋼材
	WA 砥粒	A 砥粒より高純度アルミナ	焼入鋼
	RA 砥粒	アルミナに酸化クロムを含有, ピンク色	合金鋼, 焼入鋼
	HA 砥粒	単結晶アルミナ	同上
	STA 砥粒	アルミナ砥粒を焼結, 高靱性	ステンレス鋼
C 系	C 砥粒	SiC の結晶, A 系より硬いが靱性は低い, 黒色	鋳鉄など鋼以外
	GC 砥粒	高純度 SiC, 緑色	超硬合金
超砥粒	CBN 砥粒	立方晶窒化硼素, ダイヤモンドに次ぐ硬さ	広範囲に使用
	ダイヤモンド砥粒	最も硬い砥粒, 鉄とは反応する	超硬, セラミックスなど

表 10.3　結合材の種類

記号	種類	特徴	用途
V	ビトリファイド	ガラス質の結合材, 砥粒の保持力が強い	広範囲に使用
E	セラック	天然樹脂のセラック	微粒砥粒で鏡面仕上げ
S	シリケート	ケイ酸ソーダを主成分	大型砥石, 薄い刃物
O	オキシクロライド	$MgO \cdot MgCl_2$ を主体, S と似た性質	
M	メタルボンド	銅, 黄銅, Ni, 鉄などの金属	超砥粒用
B	レジノイド	フェノール樹脂を主体, 保持力が大きい	高速重研削, 切断など
R	ラバー	硬質ゴム	鏡面, 心無研削, 切断

　研削砥石はこれら多くの特性にその性能が左右されることから, 砥石の種類は非常に多く, ある砥石を指定する場合数多くの項目を指定する必要がある. 通常, 砥石の形状・寸法に続いて, 以下のように砥石の性質を示す項目を順番に示し, 概略の特性を一目でわかるように工夫されている.

砥粒の種類―粒度―結合度―組織―結合材

例えば

　　WA　80　L　9　V

これは WA 砥粒で, 粒度は #80, 結合度は L, 組織は 9, 結合材はビトリファイドであることを示している.

（b）　研削砥石の目直しと形直し

　研削加工は, 切削加工に比べかなりの高速で行われるため, 砥石は高回転で

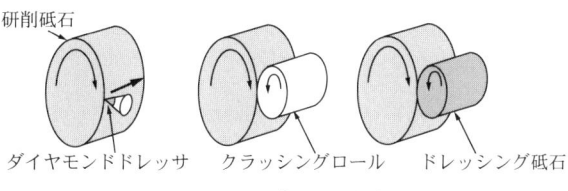

第10章　機械加工および特殊加工　　195

　　　　　ダイヤモンドドレッサ　　クラッシングロール　　ドレッシング砥石

図 10.18　研削砥石の目直し

使用される場合が多い．したがって，研削砥石は研削盤に取り付けた状態で十分なバランスをとることが要求される．バランスをとった砥石は目直しおよび形直しという作業を行った後，工作物の加工に使用される．

目直し (dressing) は，製造直後の砥石や長時間使用した後の砥石に対して，表面の劣化した砥粒を強制的に取り除き，新しい，鋭い切刃を持った砥粒を出す作業である．

形直し (truing) は，研削作業による砥粒の脱落により形状が崩れた砥石面を削り取って初期の形状に整える作業で，通常は形直しにより新しい砥粒が表面に出るため，目直しも同時に行われる．図 10.18 に砥石の目直しの方法を示す．

（c）　研削砥石の寿命

研削加工を続けると，砥粒切刃が摩耗したりあるいは微細に破壊されることにより切刃の鋭さが低下し，研削抵抗が増大する．研削抵抗がある値を超えると，

① 砥粒やそれを保持している結合材が脱落し新たな砥粒が表面に出てくる（自生発刃作用）．自生発刃が起こると砥石は切れ味を持続するが砥石の形状精度は低下するため，高精度の加工は困難となる．

② 形状精度を保つために砥粒をしっかりと保持した場合は，研削能率が低下するため目直しが必要となる．

の2つの場合が生じる．

研削砥石では目直しから目直しまでの間隔を目直し間寿命とよび，寿命を表す値として，研削時間，研削体積，研削個数などが用いられる．寿命の判定基準としては

① 研削抵抗
② 研削音

③ 仕上げ面(仕上げ面あらさ・精度,研削焼け,ビビリマークなど)が用いられる.

なお,研削量(研削した体積)とその間に砥石が摩耗した量(体積)との比を研削比(grinding ratio, G とよぶことが多い)とよび,砥石の選択基準や加工条件の選定に用いられる.

$$G = 研削量/砥石摩耗量$$

C. 研削加工の分類

研削砥石の運動方向と工作物の運動方向が逆の場合を上向き研削(upgrinding),同方向の場合を下向き研削(down grinding)とよぶ.研削加工は図10.19に示すように作業方式によっていくつかに分類され,それぞれ特徴を持つ.

(a) 平面研削

平面研削は,円盤形砥石の円周上の切れ刃を用いて加工する場合と,カップ型砥石の端面を用いる場合の2つに大きく分類できる.砥石の円周上で加工する場合は,1つの砥粒が切削する長さは短く,また切込み深さが徐々に変化するのに対して,砥石の端面で加工する場合は砥粒と工作物の接触時間が長くまた切込み深さが一定となることから,加工能率は高くなるものの,研削温度が上がりやすくなることから研削速度を低くする必要がある.

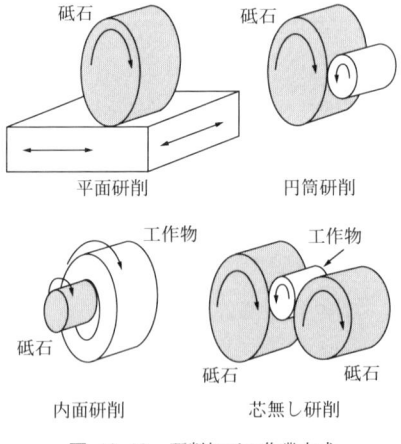

図 10.19 研削加工の作業方式

（b） 円筒研削

円筒形状を持つ工作物を研削する方式で，砥石半径を工作物半径よりも大きくとり，砥石と工作物の双方を回転させながら砥石円周面で加工を行う．工作物の長さが砥石の幅よりも短い場合，砥石に切込み運動のみを与えることにより加工する方式をプランジ研削とよぶ．一方，工作物の長さが砥石長さに比べ長く，工作物（あるいは砥石）を長さ幅方向に移動させて加工する場合をトラバース研削とよぶ．

（c） 内面研削

穴の内面を研削する加工法で，内径に比べ砥石の径は必ずそれよりも小さくする必要があることから，研削速度を出すために高速で回転させる必要がある．砥石軸の径も砥石よりも小さくする必要があり，剛性が低くなることから精度が低下しやすい，などの問題点がある．

（d） 芯無し円筒研削

円柱あるいは円筒状の工作物をセンターなどで固定せずに研削する加工法で，研削砥石，調整砥石および支持刃の3点で工作物を支えながら研削を行う．研削砥石は通常の砥石と同様高速回転させ研削を行い，調整砥石は低速で回転させて工作物に回転力を与え，支持刃は工作物を支えると同時に調整砥石に工作物を押しつけ回転力を発生させる役割を持つ．芯無し研削は工作物を支持する必要がないことから高能率で，大量生産に向いている．

D． 研削機構

図10.20は，平面研削における砥石の砥粒が工作物を加工している例である．

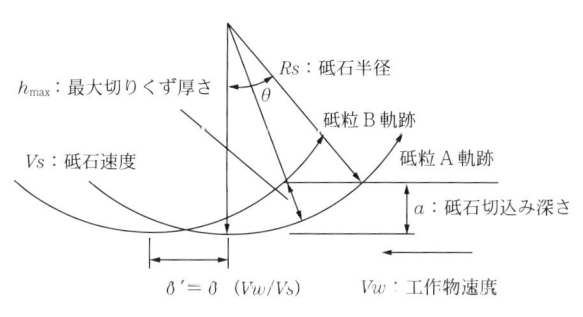

図 10.20　砥粒の軌跡と切りくず厚さ

砥石面上では砥粒はランダムに分布しており，砥石面上で同一直線上に存在する砥粒切刃 A および B は工作物に対して図に示すような加工を行う．切刃 A と B の間隔は連続切刃間隔(δ)とよばれ，フライス切削における切刃間隔に相当する．工作物に対する砥粒切刃の運動軌跡は，砥石が回転中に工作物が砥石に対して並進運動をしているため厳密にはトロコイド曲線となるが，一般には砥石の回転速度が工作物の並進速度に比べ非常に大きいため円弧運動と近似できる．図において，θ および切りくずの最大厚さ $h_{\max}$ はそれぞれ

$$\theta = \cos^{-1}\left(1 - \frac{a}{Rs}\right) \fallingdotseq \sqrt{\frac{2a}{Rs}} \tag{10.21}$$

$$h_{\max} = \delta'\sin\theta \fallingdotseq \delta\frac{Vw}{Vs}\sqrt{\frac{2a}{Rs}} \tag{10.22}$$

となる．いま，砥石径を 300 mm，砥石周速を 2000 m/min，工作物周速を 15 m/min，切込み深さを 0.02 mm，δ を 10 mm とすると $h_{\max}$ は 1.2 μm となり，研削加工では切りくず厚さは非常に薄くなることがわかる．

E．研削抵抗

切削抵抗と同様に，研削加工中に研削砥石が被削材から受ける力，あるいは研削砥石から被削材が受ける力を研削抵抗とよぶ．研削抵抗は図 10.21 に示すように平面研削の場合，研削方向の接線分力（Fc）とそれに垂直な垂直分力（Fn）に分解でき，切削加工では $Fc/Fn \fallingdotseq 3$ に対し，研削加工では $Fc/Fn \fallingdotseq 0.3$ 〜0.6 程度となる．

研削抵抗は研削加工中の振動や研削熱と密接な関係を持ち，研削精度や研削加工面に大きな影響を及ぼす．

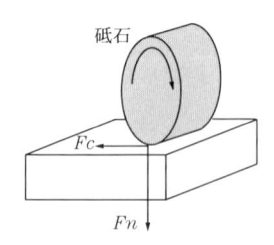

図 10.21 研削抵抗

F．研削温度

　研削加工においても切削加工と同様，切りくずを生成するために加えられたエネルギーはその大半が砥石や切りくずあるいは工作物に流入し，それぞれの温度上昇に費やされる．ただし研削加工では，大量の研削液を使用することや砥石はもともと耐熱性に優れた素材を使用していることから，工作物の温度上昇が最も問題となる．切削加工ではこれまでに述べたように発生熱量の大半が切りくずに伝達されるが，研削加工では発熱量のおおよそ80％が工作物に伝達されるといわれている．平面研削においては，工作物は研削熱により加工面で高温になる．一方，取付面ではチャック等への熱伝達や研削液による冷却効果により，それよりも低い温度に保たれ工作物は凸に変形する．加工後の工作物は室温までもどると中凹に変形する．

　研削温度の測定に関しては，電気伝導性を持つSiC砥粒を用いる砥粒-被削材熱電対法や，工作物中に埋めた熱電対を砥粒が研削する際の熱起電力を利用して測定されているが，一般に砥粒先端の最高温度は1000～2000℃に達するといわれている．

10.4 砥粒加工

A．砥粒加工の特徴

　砥粒加工は微細な砥粒を用いる加工法であるが，砥粒の固定法により大きく分けて，
① 固定砥粒による加工（ホーニング，超仕上）
② 半固定砥粒による加工（バフ仕上げ，ベルト研削）
③ 遊離砥粒による加工（ラップ仕上，超音波加工，バレル仕上，噴射加工）
に分類できる[7]が，いずれの加工も工具となる砥粒を被削材にある力で押しつけて加工を行う圧力切込み加工であり，切削加工や研削加工などのように一定量切込む定位置切込み加工とは異なる．このため以下に示すようないくつかの特徴を持つ．
① 工具は加工面上に浮かんだ状態で加工が進行するため加工面の凸部を選択的に加工する．

② したがって加工条件を適切に設定することができれば加工の進行とともに面精度は向上する．

③ 加工の進行につれ数多くの砥粒が切削に関与し出すことから，1個あたりの砥粒にかかる力が小さくなり微細な加工量となるため，高精度加工が可能となる．

一方，以下の短所も持っている．

① 高精度の面を作り出すためには，工具ができるだけ同じ経路をたどらないような複雑な運動を与える必要がある．

② 加工量の予測が困難である．

③ 加工効率が低い．

B．固定砥粒による加工

ホーニングの例を図 10.22 に示す．ホーニングは主として円筒内面の仕上げ加工に用いられ，棒状の微粒砥石をばねや油圧を用いて円筒内面に押しつけながら，回転運動と往復運動を与えて加工を行う．この砥石は加工面に対し図 10.23 に示す軌跡を描くことから仕上面はクロスパターンとなる．なお，砥石の回転速度を Vu，砥石の軸方向速度を Va とすると軌跡のなす角 θ は公差角と

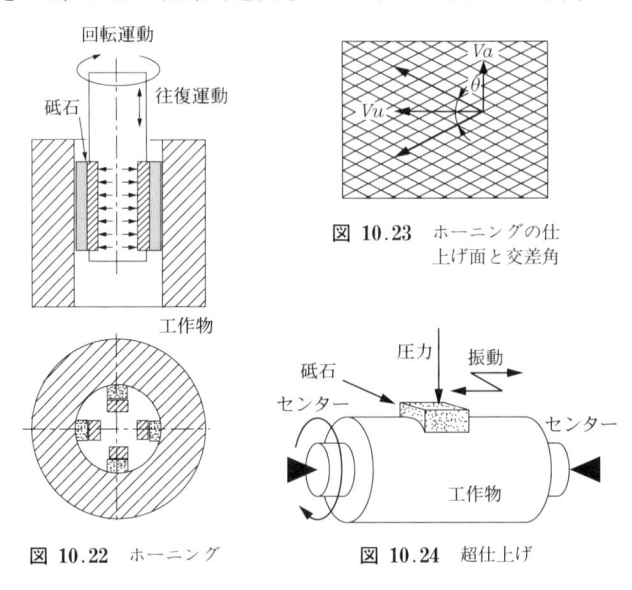

図 10.23 ホーニングの仕上げ面と交差角

図 10.22 ホーニング

図 10.24 超仕上げ

よばれ，

$$\tan\left(\frac{\theta}{2}\right) = \frac{Va}{Vu} \tag{10.23}$$

となる．公差角はホーニングにとって重要な値であり，一般には 30°～60° に設定される．なお，ホーニング速度 V は 20～40 m/min 程度に設定されることから回転速度のほうが軸速度よりも高速である．

ホーニングでは冷却および切りくず除去を目的として，灯油をベースにした粘度の低い加工液が大量に使用される．ホーニング圧力は工作物や粗加工や仕上加工により調整されるが，0.2～2 MPa 程度である．内面はホーニングにより円筒度や真円度は向上するが，直角度は改善されない．仕上げ面あらさは R_{max} で 1 μm 以下となる．

超仕上げは図 10.24 に示すように，比較的結合度の柔らかい砥石を振動（振幅：数 mm，振動数：8～30 Hz）させながら一定圧力で工作物に押しつけると同時に，砥石と工作物との間に相対運度を与え，円筒の表面や平面などを 1 μm 以下のあらさに仕上げる加工法である．加工圧力はホーニングより低く荒加工で 0.2～0.5 MPa，仕上げ加工で 0.05～0.15 MPa である．

超仕上げの加工原理は図 10.25 に示すように，数・数十 μm の初期あらさを持つ工作物に砥石を一定圧力で押しつけると，工作物の凸部は面圧が高くなるため自生発刃作用も激しく急速に加工が進む．加工が進行し接触面積が増大す

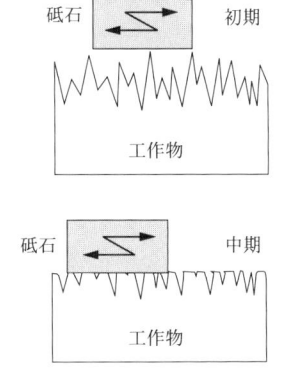

図 10.25 超仕上げの加工原理 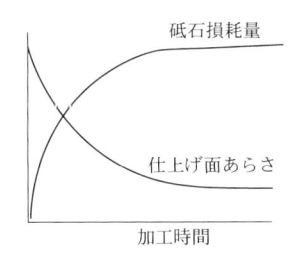　　図 10.26 超仕上げの砥石損耗量と仕上げ面あらさの変化

ると面圧が低下し，砥石の切れ味が低下，切りくずなども詰まることからあまり切れなくなり，砥石は磨き作用に移行する．砥石摩耗量および仕上げ面あらさの変化の概念図を図10.26に示す．

超仕上げは除去から磨きへと加工過程が変化するのが特徴で，この過程をスムースに移行させるために，砥石速度，切削方向角，加工圧力，加工液の選択が非常に重要となる．

C．半固定砥粒による加工

バフ仕上げは図10.27に示すように，布や革等の変形しやすい材料で作ったバフ車に砥粒を油脂で付着させたり，あるいは液体に砥粒を混ぜて加工部に供給しながら加工を行う．バフ車は大きく変形するため，形状精度や寸法精度の向上は期待できないが，表面の平滑化やつや出しには効果的である．

加工条件としては $V=1200 \sim 3000$ m/min の高速とし，加工圧力は 0.1 MPa 以下に設定される場合が多い．

ベルト研削は図10.28に示すように，布または紙のベルトに砥粒を接着剤で固定し，ベルトに工作物を押しつけて加工する．平面以外にコンタクトホイールの弾性を利用して複雑な形状の表面を平滑にすることが可能である．このため，金属板から洋食器，建築金物，タービンブレードなど各種の工作物の仕上げに用いられる．

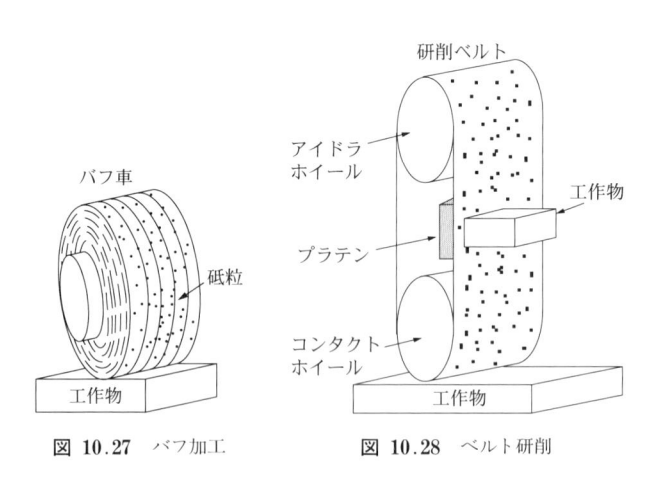

図 10.27　バフ加工　　　　図 10.28　ベルト研削

加工条件は工作物の材質や仕上げの程度によって異なるが，$V=600\sim2000$ m/min，加工圧力は 0.1 MPa 以下に設定される．乾式で行われる場合もあるが，仕上げ面あらさやベルト寿命の向上を目的に加工液を用いる場合が多い．

D．遊離砥粒による加工

ラップ加工は図 10.29 に示すように，ラップ剤とよばれる遊離砥粒を，金属あるいは非金属製のラップと工作物との間に分散させ，ラップに力を加えながら工作物と相対運動により加工を行う．ラップ加工は加工液を用いる湿式ラップ法と，加工液を使用しない乾式ラップ加工に分けられ，湿式と乾式では加工原理が異なる．湿式加工ではラップ剤は固定されずに加工液の中で転動することにより加工が行われるため加工面は無光沢の梨地面となるが，乾式加工ではラップ剤はラップ表面に埋め込んで加工するため，微少な切りくずを生成する切削加工と，加工の進行に伴いラップ剤の鋭利さが失われ磨き加工に移行するため加工面は光沢を持つ．ラップ加工では工作物のあらさ，寸法精度，形状精度の向上が可能である．

ラップは砥粒を保持すると同時にラップの形状が工作物に転写されるため，適度なラップ保持能力を持つと同時に長時間形状精度を保つことのできる材質が必要であり，金属ラップとしては鋳鉄や銅合金などが使用され，非金属ラップとしては木材や革あるいは光学部品などにはピッチが用いられる．なお，ラップ表面には砥粒の分散や切りくずの除去を目的として 0.5～1 mm の幅と深さを持つ溝を加工する場合もある．加工条件は $V=20\sim30$ m/min，加工圧力は $0.1\sim0.2$ MPa に設定されることが多い．

超音波加工は図 10.30 に示すように，超音波振動子に接続された振動増幅用

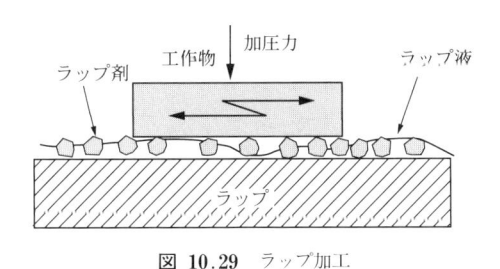

図 10.29 ラップ加工

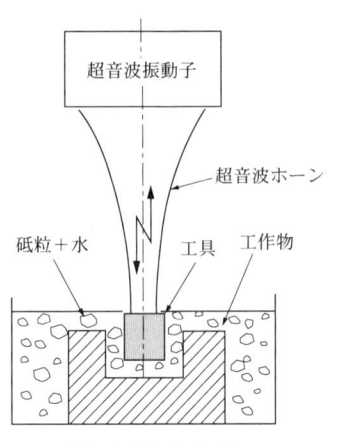

図 10.30　超音波加工

ホーンの先端に取り付けられた工具を振動させ，水中に分散させた砥粒に振動エネルギーを与え工作物を加工する方法である．工具とほぼ同一断面形状の加工が可能であり，ガラスやセラミックスなどの硬脆材料の穴加工に有効である．加工条件としては振幅数十 μm，振動数 20 kHz～40 kHz，水に対する砥粒の混合割合は 0.1～0.2 wt% 程度である．

10.5　特殊加工

A．特殊加工の特徴

特殊加工とは，熱エネルギーや電気的あるいは化学的エネルギーを工作物に加え不要部分を取り除く加工であり，どのようなエネルギーを使うかにより図 10.1 に示したようなさまざまな加工法がある．これらの加工法は非常に高い硬度を持つ材料（例えばダイヤモンド）の加工に用いられたり，あるいは非常に微細な量の加工に用いられるなど，きわめて優れた特徴を持つことからさまざまな分野で欠くことのできない加工法となりつつある．表 10.4 は代表的な特殊加工の原理と特徴をまとめたものである．

B．放電加工

放電加工の原理図を図 10.31 に示す．放電加工は液中で電極と工作物間にパ

第10章 機械加工および特殊加工

表 10.4 代表的な特殊加工の原理および特徴

加工法	原　理	特　徴	工作物の例
放電加工	電極と工作物間の放電による高温を利用して工作物の一部を除去する加工．非常に短時間の放電を繰り返し安定して発生させる．	導電性を持つ工作物であればほとんどのものは加工できる．	金属，導電性ダイヤモンド
電子ビーム加工	高電圧で加速された細く絞った電子ビームを工作物に照射し電子の持つ運動エネルギーを熱に変え工作物を溶融・除去する加工．	非常に高いパワー密度 ($10^6 \sim 10^9$ W/cm^2) を持つ．真空中で行う．ビーム径：$1 \sim 100$ μm．	金属，セラミックス
イオンビーム加工	イオンなどの加速された粒子が固体表面に衝突するとき表面の原子をはじき飛ばす現象を利用した加工．	超微細加工．	硬脆材料，ダイヤモンド
レーザ加工	レーザ光をレンズにより微小径(数 100 μm 前後)まで絞り高いパワー密度($10^4 \sim 10^6$ W/cm^2)を利用して工作物を溶融・除去する加工．	電子ビーム加工と異なり空気中で加工が可能．	金属，セラミックス，プラスチック，ガラス，ゴムなどほとんどの材料が加工可能．
プラズマ加工（プラズマアーク加工）	電極と工作物との間にアークを発生させアーク部にプラズマガス (Ar, N$_2$, H$_2$) を流すことによりアークを絞ってパワー密度を高くし工作物を溶融・除去する加工．	切断に用いられる．切断幅はガス切断よりも広い．切断速度は速い．	金属
電解加工	電解液の中で電極と工作物間に電流を流し，工作物を電解作用により溶出させる加工法．	工作物の硬さに無関係に加工できる．	金属，ジェットエンジン部品．

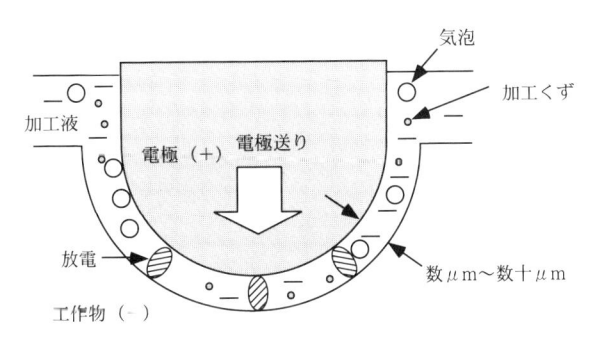

図 10.31　放電加工のメカニズム

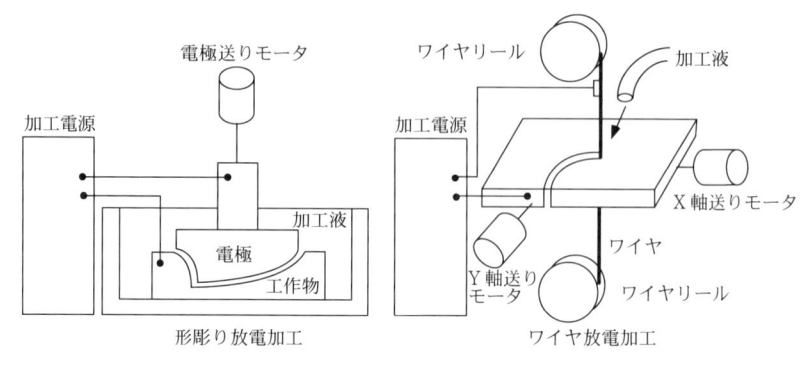

図 10.32 形彫り放電加工とワイヤ放電加工

ルス状の放電を生じさせ，放電による熱により工作物を溶融すると同時に，熱エネルギーによる液体の急激な蒸発作用を利用して衝撃力を発生させ溶融部分を除去する加工である．現在主に使われている放電加工には，形彫り放電加工とワイヤ放電加工がありそれぞれの模式図を図 10.32 に示す．電極と工作物間は安定した放電を生じさせるため，数 μm〜数十 μm の間隔に保たれ，放電電流値は形彫り放電加工で 1 A〜数十 A，パルス幅は 1 μs〜数百 μs となっている．ワイヤ放電加工では形彫り放電加工に比べ，電流値が大きくパルス幅は短くなっている．

C．電子ビーム加工

電子ビーム加工機の概略を図 10.33 に示す．電子銃から発射された電子は収束コイルで細いビームに絞られ，偏向コイルでビームの位置を変えながら，10〜150 kV の加速電圧により加速され工作物に衝突し，電子の持つ高い運動エネルギーが熱エネルギーに変わり工作物を瞬時に溶融・気化させる．電子ビームをパルス状に与えることにより極微細加工が可能である．加工以外に溶接や熱処理も可能であり，さらに電子の持つエネルギーを電子と物質の化学作用など熱以外の形として取り出す電子ビームリソグラフィー技術としても利用されている．

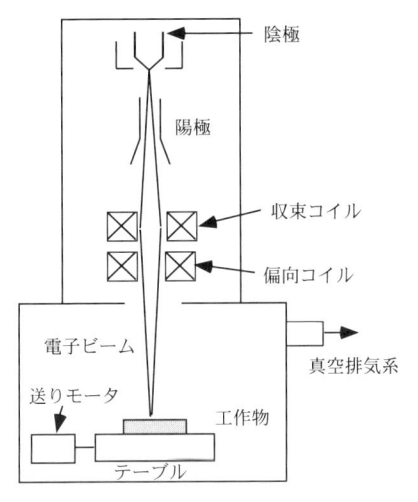

第10章　機械加工および特殊加工

図 10.33　電子ビーム加工機

［演習問題］

1. 構成刃先の欠点，利点および構成刃先の防止法を調べよ．
2. せん断角に関する代表的な説を調べ，それぞれ実際の結果と合わない理由を示せ．
3. 刃先半径 r(mm)，送り S(mm) で旋削した場合の理論あらさを示す式を導け．
4. 切削加工において，$V=100$ m/min で切削したときの工具寿命が 160 min であった．また，$V=150$ m/min で切削したときの工具寿命は 100 min であった．テーラーの寿命方程式が成立すると仮定すると $V=200$ m/min のときの工具寿命はいくらになるか．また加工に使用した工具材種を推定し，その理由を示せ．
5. 0.35％ C の普通炭素鋼を $V=200$ m/min，$d=2.5$ mm，$f=0.25$ mm/rev で旋削したとき，主分力が 1200 N であった．このときの切削動力および動力の 90％が熱に変わり，その 80％が切りくずに流入した場合の切りくずの平均温度はいくらになるか．また，この加工における比切削エネルギーを求めよ．ただし比切削抵抗を 3500 N/mm²，切りくずの平均比熱を 600 (J/kg·k) とする．

6. 連続切刃間隔 5 mm の半径 300 mm, 幅 30 mm の研削砥石で, $Vs=40$ m/s, $Vw=1.0$ m/s, 切込み $10\ \mu$m で平面研削した．最大切りくず厚さ，切りくず長さを求めよ．
7. 5. において研削背分力 600 N, 主分力が 400 N であった．研削動力および比研削エネルギーを求めよ．また，比研削エネルギーは比切削エネルギーに比べ一般に大きくなるがその理由を説明せよ．
8. 研削温度の測定法について調べよ．
9. 研削焼けの原因を調べよ．
10. ホーニングおよび超仕上げに用いられる砥石について調べよ．
11. レンズのラップ加工について調べよ．

参 考 文 献

1) 中山一男：切削加工論，コロナ社，1978, p.1
2) F. Schwerd : Forschung und Forshungsergebnisse zur Schnitt-Theorie V. D. I., 76, 52 (1932) p. 1257
3) 精密工学会編：新編精密工作便覧，コロナ社，p. 10
4) A. O. Schmidt, J. R. Roubik : Distribution of Heat Generated in Drilling, Trans. ASME, 71, 3 (1949) p. 245
5) M. C. Shaw : Metal Cutting Principles, Oxford Science Publications (1984) p. 285
6) 精密工学会編：精密加工実用便覧，日刊工業新聞社，p. 206
7) 佐々木外喜雄，奥島啓弌：日本機械学会誌，Vol. 43, No. 3 (1953) p. 112
8) 中島利勝，鳴瀧則彦：機械加工学，コロナ社，1983, p. 187

演習問題解答

第1章

1. bccの充填率 f_b

    格子定数 a, 半径 r とすると，(110)における a と r の関係は，$4r=\sqrt{3}\,a$. 単位胞あたりの原子数は2個であるから，単位胞中の原子の占める体積は，$V=2\left(\dfrac{4}{3}\pi r^3\right)=\dfrac{\sqrt{3}}{8}\pi a^3$, 単位胞の体積は，$V_0=a^3$ となるので，充填率は，$f_b=\dfrac{V}{V_0}=\dfrac{\sqrt{3}}{8}\pi=0.68$.

    fccの充填率 f_f

    (111)における a と r の関係は，$4r=\sqrt{2}\,a$. 単位胞あたりの原子数は4個であるから，充填率は，$f_f=\dfrac{V}{V_0}=\dfrac{\sqrt{2}}{6}\pi=0.74$.

2. 略

3. 原子半径 r_{Cu}, 格子定数 a とすると，$4r_{Cu}=\sqrt{2}\,a$. $r_{Cu}=0.128$ nm であるので，$a=\dfrac{4}{\sqrt{2}}(0.128)=0.362$ nm. よって，単位胞の密度は，

$$\rho=\dfrac{4\ \text{atoms}}{(0.362\ \text{nm})^3}\times\dfrac{63.55\ \text{g}}{6.023\times10^{23}\ \text{atoms}}\times\left(\dfrac{10^7\ \text{nm}}{1\ \text{cm}}\right)^3=8.89\ \text{g/cm}^3.$$

4. 式(1.9) より，$\tau=\sigma\cos\lambda\cos\phi=100\times\dfrac{1}{\sqrt{2}}\times\dfrac{1}{\sqrt{3}}=40.8$ MPa.

5. 式(1.12) より，$\tau_{\max}=\dfrac{G}{2\pi}=12.7$ GPa.

6. Al(fcc)のバーガースベクトルは，$b=\dfrac{\sqrt{2}}{2}a=0.28$ nm. よって，式(1.17)より，

$$\tau=\dfrac{2\times(30\times10^3\ \text{MPa})\times(0.28\ \text{nm})}{0.2\times10^3\ \text{nm}}=84\ \text{MPa}.$$

第2章

1. (1) γ 100%，(2) γ 100%，(3) $\gamma:\alpha=57\%:43\%$,
    (4) パーライト：初析フェライト $(\alpha)=60\%:40\%$

2. (1) 8 s，(2) 500 s，(3) 30% γ + 70% 微細パーライト,
    (4) 30% マルテンサイト + 70% 微細パーライト

3. 式(2.8) より，

$$D=D_0\exp\left(\dfrac{-Q}{RT}\right)=(20\times10^{-6}\ \text{m}^2/\text{s})\exp\left(\dfrac{-142\times10^3\ \text{J/mol}}{8.314\ \text{J/mol}\cdot\text{K}\times1273\ \text{K}}\right)$$

$= 2.98 \times 10^{-11}$ m^2/s.

4. 式 (2.13) より,
$$erf\left(\frac{x}{2\sqrt{Dt}}\right) = erf\left(\frac{1 \times 10^{-3} \text{ m}}{2\sqrt{(2.98 \times 10^{-11} \text{ m}^2/\text{s}) \times (3.6 \times 10^4 \text{ s})}}\right) = erf(0.483)$$
$$= 0.505$$

$x = 1$ mm における炭素濃度は, $\dfrac{1.3 - C_x}{1.3 - 0.2} = 0.505$ ∴ $C_x = 1.3 - 1.1 \times 0.505 = 0.74$ mass%.

5. 図 2.14 より, $\theta = \dfrac{4-0}{53-0} \times 100\% = 7.55\%$.

第 3 章

1. 略

第 4 章

1. 平面応力は σ_{xx}, σ_{yy}, τ_{xy} 以外の応力成分がゼロ ($\sigma_{zz}, \tau_{yz}, \tau_{zx} = 0$) となる応力状態. 平面ひずみは ε_{xx}, ε_{yy}, γ_{xy} 以外のひずみ成分がゼロ ($\varepsilon_{zz}, \gamma_{yz}, \gamma_{zx} = 0$) となるひずみ状態.

2. (a) $e = 0.2$, $\varepsilon = \ln 1.2 = 0.182$, (b) 413 MPa, (c) 体積一定条件より断面積は 65.4 mm^2 なので, $P = 27.0$ kN.

3. 相当応力 $\bar{\sigma} = \sqrt{\sigma_{xx}^2 - \sigma_{xx}\sigma_{yy} + \sigma_{yy}^2 + 3\tau_{xy}^2}$ を計算. (a) $\bar{\sigma} = 200 = Y$ なので [B], (b) $\bar{\sigma} = 218 > Y$ なので [C], (c) $\bar{\sigma} = 194 < Y$ なので [A].

4. 半径方向, 円周方向, 軸方向をそれぞれ r, θ, z とすると,

   [応力の平衡方程式] $\dfrac{\partial \sigma_{rr}}{\partial r} + \dfrac{1}{r}(\sigma_{rr} - \sigma_{\theta\theta}) + \dfrac{\partial \tau_{zr}}{\partial z} + F_r = 0$

   [ひずみ-変位関係式] $\varepsilon_{rr} = \dfrac{\partial u_r}{\partial r}$, $\varepsilon_{\theta\theta} = \dfrac{u_r}{r}$, $\varepsilon_{zz} = \dfrac{\partial u_z}{\partial z}$, $\gamma_{rz} = \dfrac{\partial u_r}{\partial z} + \dfrac{\partial u_z}{\partial r}$

   [応力-ひずみ関係式] $\varepsilon_{rr} = \{\sigma_{rr} - \nu(\sigma_{\theta\theta} + \sigma_{zz})\}/E$, $\varepsilon_{\theta\theta} = \{\sigma_{\theta\theta} - \nu(\sigma_{zz} + \sigma_{rr})\}/E$, $\varepsilon_{zz} = \{\sigma_{zz} - \nu(\sigma_{rr} + \sigma_{\theta\theta})\}/E$, $\gamma_{rz} = \tau_{rz}/G$.

5. 円筒内の任意の点 (中心からの距離を r とする) の温度は, 時間に無関係に一定となる. この状態を定常状態という.

   式 (4.26) の熱伝導微分方程式を用いて, 一般解を求め, 境界条件を入れればよい.
   $$T = T_a \frac{\ln(b/r)}{\ln(b/a)}$$

6. 式 (4.27) を用い, 単位時間あたりの貫流熱量 (固体に流入する熱量 Q) を考慮すればよい.

$$T_a = T_1 - \frac{\kappa}{\alpha_1}(T_1 - T_2)$$

$$T_b = T_2 + \frac{\kappa}{\alpha_2}(T_1 - T_2)$$

ただし，κ：熱貫流率とよび，次式で表される．

$$\kappa = \frac{1}{\dfrac{1}{\alpha_1} + \dfrac{\delta}{K} + \dfrac{1}{\alpha_2}}$$

第5章

1．（1）0.8% C，（2）4.5℃/s，（3）50℃/s，（4）0.4%

2．式(5.2) より，$\dfrac{C_x - C_0}{C_s - C_0} = \dfrac{0.6 - 0.2}{1.0 - 0.2} = 0.5$ ∴ $erf\left(\dfrac{x}{2\sqrt{Dt}}\right) = 0.5$

$erf(z) = 0.5$ となる z は表2.2 より，$z = 0.4772$

よって，$t = \dfrac{(1 \times 10^{-3} \text{ m})^2}{4 \times (0.4772)^2 \times (2.98 \times 10^{-11} \text{ m}^2/\text{s})} = 3.68 \times 10^4 \text{ s} = 10.2 \text{ h}$

第6章

1．（1）900℃，（2）420℃，（3）80℃の過冷，（4）40℃/min，（5）12 min，（6）式(6.8) $t = B\left(\dfrac{V}{A}\right)^2$ に，$t = 720$ s，$V = 50^3$ mm³，$A = 6 \times 50^2$ mm² を代入すると，$B = 10.37$ s/mm²．

2．（1）式(6.8) $t = B\left(\dfrac{V}{A}\right)^2$ に，$V = \dfrac{\pi}{4}d^2h = 9.81 \times 10^6$ mm³，$A = 2 \times \left(\dfrac{\pi}{4}d^2\right) + \pi dh = 4.71 \times 10^5$ mm²，を代入すると，$t = 2 \times \left(\dfrac{9.81 \times 10^6}{4.71 \times 10^5}\right)^2 = 868$ s ($= 14.47$ min)．

（2）$t' = 0.75 t = (0.75)(868) = 651$ s

$$t' = B\left(\dfrac{V'}{A'}\right)^2 = 2\left(\dfrac{V'}{A'}\right)^2 = 651 \text{ s} \quad \therefore \left(\dfrac{V'}{A'}\right) = 18.04$$

$$\dfrac{V'}{A'} = \dfrac{\dfrac{\pi}{4}d^2 h'}{2\left(\dfrac{\pi}{4}\right)d^2 \times \pi d h'} = \dfrac{\dfrac{\pi}{4}(500)^2 h'}{2\left(\dfrac{\pi}{4}\right)(500)^2 + \pi(500)h'} = 18.04,$$

∴ $h' = 42.2$ mm

（3）$t_{\text{riser}} = 1.25 t_{\text{casting}}$ より，$B\left(\dfrac{V_r}{A_r}\right)^2 = 1.25 B\left(\dfrac{V_c}{A_c}\right)^2$ ∴ $\left(\dfrac{V_r}{A_r}\right) = \sqrt{1.25}\left(\dfrac{V_c}{A_c}\right)$

$V_c = (200)(100)(50) = 1 \times 10^6$ mm³，
$A_c = (200 \times 100) \times 2 + (200 \times 50) \times 2 + (100 \times 50) \times 2 = 7 \times 10^4$ mm²

$$V_r = \left(\frac{\pi}{4}D^2\right)H = \left(\frac{\pi}{4}D^2\right)(2D) = \frac{\pi}{2}D^3,$$

$$A_r = 2\left(\frac{\pi}{4}\right)D^2 + \pi DH = 2\left(\frac{\pi}{4}\right)D^2 + \pi D(2D) = \frac{5\pi}{2}D^2$$

を代入すると，$\left(\dfrac{V_r}{A_r}\right) = \dfrac{\frac{\pi}{2}D^3}{\frac{5}{2}\pi D^2} = \dfrac{D}{5} \geq \sqrt{1.25}\left(\dfrac{1 \times 10^6}{7 \times 10^4}\right),$

よって，直径，$D \geq 79.9$ mm，高さ $H \geq 159.8$ mm の押湯とすればよい．

第 7 章

1. 略
2. 略
3. 原点から距離 r までの領域の保有熱量 q_r は，下式となる．式 (7.3) を用い，$q_r = 0.99q$ になるような，r を導けばよい．

$$q_r = \int_0^r c\rho(T - T_0)dV$$

4. 近似値として

$$r = \frac{q}{2\pi c\rho k T_f}$$

5. 略
6. 固液界面 $X = X_s$ での固相側溶質濃度を $C_s^*(X_s)$，液相側のそれを $C_L^*(X_s)$ とすると溶質保存則から，下式の微分方程式が得られる．

$$[C_L^*(X_s) - C_s^*(X_s)]dX_s = (L - X_s)dC_L$$

ただし，L：凝固範囲，$X_s/L = f_s$．

7. $HV = 308 \sim 388$

8. 熱応力　$\sigma = -\dfrac{E\alpha T}{\frac{EA}{Kl} + 1}$

　　見かけの伸び　$\Delta L = \alpha Tl \dfrac{\frac{EA}{Kl}}{1 + \frac{EA}{Kl}}$

ただし　K：バネ定数，α：線膨張係数，E：ヤング率

9. 120℃
10. 略

第8章

1. 図8.5において，軸方向の力の釣り合いを考えると，$\sum F = A(p-p') + f_f = 0$, $f_f = \mu f_n = \pi \mu k p D d h$ となるので，$p - p' = dp$ とすると，$dp = -\dfrac{f_f}{A} = -4\mu k p d h / D$.

2. 表2.1の値を代入すると，
$$D_\alpha = D_0 \exp\left(-\frac{Q_\alpha}{RT}\right) = (200 \times 10^{-6}\ \text{m}^2/\text{s}) \exp\left(\frac{-240 \times 10^3\ \text{J/mol}}{8.314\ \text{J/mol·K} \times 1073\ \text{K}}\right)$$
$$= 41.4 \times 10^{-17}\ \text{m}^2/\text{s}$$
$$D_\gamma = D_0 \exp\left(-\frac{Q_\gamma}{RT}\right) = (22 \times 10^{-6}\ \text{m}^2/\text{s}) \exp\left(\frac{-268 \times 10^3\ \text{J/mol}}{8.314\ \text{J/mol·K} \times 1193\ \text{K}}\right)$$
$$= 4.05 \times 10^{-17}\ \text{m}^2/\text{s}$$
よって，800°Cのα相のほうが速く焼結できると推定される．

3. $0.75 d_D^3 = 0.92 d_s^3$, $\therefore\ d_D = 20 \sqrt[3]{\dfrac{0.92}{0.75}} = 21.4$ mm.

4. （1）式(8.9)より，$v = \dfrac{0.65}{0.98} = 0.663$. $1 - 0.663 = 0.337$ <u>33.7%</u>
   （2）式(8.10)より，$l = (0.663)^{1/3} = 0.872$. $1 - 0.872 = 0.128$ <u>12.8%</u>

第9章

1. (a) 式(9.10)より 32.1 kN, (b) 式(9.15)よりダイス半角 $\alpha = 31°$（最適値）のとき押出し力 55.9 kN.

2. (a) 塑性体積一定条件より計算すると 112.5 mm となるので，実際にはこの値に少し余裕を持たせる（例えば $H = 115$ mm）．(b) 式(9.8)より，加工力 $P = (\pi D^2 / 4) \sigma (1 + \mu D / 3h)$, $h = 50$ mm, $D = 150$ mm, $\mu = 0.3$, $\varepsilon = \ln(h/H)$, $\sigma = -250 |\varepsilon|^{0.2} \approx -240$ MPa より $P \approx -5500$ kN．

3. 張り出し成形性は主に加工硬化が大きい（n値が大きい）ほど良い．深絞り成形性はr値が大きいほど良い．スプリングバックは変形抵抗$\bar{Y}$とヤング率Eに支配され，$\bar{Y}/E$が小さい材料ほどスプリングバックが小さくなる．延性に乏しい材料では，成形性がひずみの小さい領域での板の割れによって支配されることがあり，この場合は引張り破断ひずみが成形性と密接に関係する．

4. 応力の平衡方程式 $d\sigma_{rr}/dr + (\sigma_{rr} - \sigma_{\theta\theta})/r = 0$. トレスカの降伏条件より $\sigma_{rr} - \sigma_{\theta\theta} = \bar{Y}$. 境界条件：$r = r_i$ で $\sigma_r = \sigma_{ri}$, $r = r_0$ で $\sigma_r = \sigma_{r0}$. これらより，$\sigma_{ri} = \bar{Y} \ln(r_0/r_i) + \sigma_{r0}$.

5. 略（§9.4参照）

6. 金型への材料流入を容易にし，各段階における鍛造荷重が過大にならないようにする．

7. 略

8. 略

第10章

1. 略
2. 略
3. 略
4. テーラーの寿命方程式 $VT^n = C$ (式 (10.2)) を利用する．
   $V = 200$ m/min の工具寿命：72 分
   使用工具：セラミック工具
   理由：テーラーの寿命方程式の n を利用して判断する．
5. 切削動力＝切削抵抗×切削速度，切削抵抗＝比切削抵抗×切削断面積，より切削動力は 7292 J/s．切削動力より 1 秒間あたりの切りくず流入熱量 Q および 1 秒間あたりに排出される切りくず質量 W を求め，鋼の比熱を C とすると切りくずの温度上昇 dT は，
   $dT = Q/(C \times W) = $ 約 540 K，
   比切削エネルギー＝切削動力/切りくず体積，より 3.5 J/mm^2．
6. 式 (10.22) を用いる．
   最大切りくず厚さ：$t_{max} = 1.44$ μm，
   切りくず長さは式 (10.21) より θ を求め，砥石半径を利用して算出する．
   約 1.7 mm．
7. 研削動力＝研削抵抗（主分力）×研削速度より，16000 J/s，
   比研削エネルギー＝研削動力/1 秒間あたりの切りくず体積(mm^2)より，
   53.3 J/mm^2．比研削エネルギーが大きい理由：略
8. 略
9. 略
10. 略
11. 略

索　引

ア

アイソフォーミング ……………………… *165*
圧延 ……………………………………… *147*
圧粉 ……………………………………… *147*
アトマイズ法 …………………………… *140*
r 値 ……………………………………… *158*
アルミニウム …………………………… *52*
アレニウスの式 ………………………… *32*
アンダカット …………………………… *125*

イ

イオン窒化法 …………………………… *88*
イオンプレーティング法 ……………… *57*
一般構造用圧延鋼材 …………………… *43*
移動熱源 ………………………………… *110*
インベストメント法 …………………… *92*

ウ

WES 規格 ……………………………… *117*
ウェルド・ディケイ …………………… *48*
ウォームホール ………………………… *125*
上向き研削 ……………………………… *196*

エ

液化割れ ………………………………… *127*
液相拡散接合法 ………………………… *132*
液相焼結 ………………………………… *141*
SS 材 ……………………………………… *43*
SM 材 ……………………………………… *43*
SC 材 ……………………………………… *43*
n 値 ……………………………………… *66*
エピタキシャル成長 …………………… *114*
FRP ……………………………………… *170*
Fe-C 系複平衡状態図 …………………… *25*
エンジニアリングプラスチック ……… *58*
遠心鋳造法 ……………………………… *93*
延性-脆性遷移温度 ……………………… *8*

延性-脆性遷移挙動 ……………………… *8*
延性低下割れ …………………………… *127*
延性破壊 …………………………… *72, 155*
延性破壊条件式 …………………… *73, 156*
円筒研削 ………………………………… *197*

オ

黄銅 ……………………………………… *50*
応力 ……………………………………… *63*
応力除去焼なまし ……………………… *123*
応力の平衡方程式 ……………………… *70*
応力-ひずみ関係式 ……………… *67, 71*
応力-ひずみ曲線 ………………………… *4*
応力腐食割れ ……………………… *47, 107*
送り分力 ………………………………… *182*
押出し …………………………………… *147*
押出し成形 ……………………………… *136*
押湯 ……………………………………… *100*
オーステナイト ………………………… *26*
オーステンパ …………………………… *85*
オーステンパ球状黒鉛鋳鉄 …………… *103*
オーステンパダクタイル鋳鉄 ………… *103*
オストワルド熟成 ……………………… *35*
オストワルド成長 ……………………… *35*
オースフォーミング …………………… *165*
オーバラップ …………………………… *125*
オロワン機構 …………………………… *20*
温間加工 …………………………… *149, 163*

カ

快削鋼 ……………………………… *49, 192*
回復 ……………………………………… *37*
界面接合法 ……………………………… *130*
Gauss の誤差関数 ……………………… *34*
かえり …………………………………… *161*
化学的製造法 …………………………… *139*
拡散 ……………………………………… *31*
拡散くびれ ……………………………… *157*

拡散係数	*32*
拡散接合	*130*
加工硬化	*5, 19, 162*
加工硬化指数	*66*
加工熱処理	*164*
加工力	*149*
過時効	*35*
硬さ	*6*
硬さ試験	*6*
型鍛造	*147*
形直し	*195*
金型	*147*
金型成形	*135*
金型鋳造法	*92*
過ひずみ法	*123*
ガラス転移温度	*59*
過冷	*95*
カレンダー成形	*170*
完全塑性体	*66*

キ

機械構造用炭素鋼	*43*
機械的性質	*3*
機械的製造法	*138*
気孔	*107*
球状黒鉛鋳鉄	*44, 102*
境界潤滑	*167*
境界潤滑膜	*167*
境界条件	*72*
境界摩耗	*190*
凝固	*94*
凝固組織	*114*
凝固割れ	*114, 127*
共晶	*24*
共析	*24*
共析鋼	*26*
局部くびれ	*157*
均一伸び	*6*

ク

くい違い	*121*
空間格子	*11*
くびれ	*5*

くびれの発生条件	*66*
クボリノフの法則	*97*
繰返し負荷	*8*
クリープ	*9*
クリープ破断時間	*9*
クリープひずみ	*9*
クレータ摩耗	*190*
クーロンの摩擦法則	*151*

ケ

限界絞り比	*158*
研削温度	*199*
研削抵抗	*198*
研削比	*196*
原子空孔	*15*

コ

恒温変態図	*30, 164*
高温割れ	*127*
合金工具鋼	*55*
工具寿命	*188*
格子間拡散機構	*32*
格子欠陥	*15*
格子定数	*11*
高周波焼入れ	*86*
公称応力	*4*
構成式	*67, 71*
構成刃先	*180*
剛性方程式	*171*
構造用合金鋼	*43*
拘束係数	*154*
高速度工具鋼	*56*
剛塑性体	*66*
降伏応力	*4*
降伏曲面	*68*
降伏条件	*67*
降伏強さ	*4*
後方押し出し	*155*
固相焼結	*141*
固相接合	*131*
固有ひずみ	*121*
固溶強化	*20*
混合潤滑	*168*

索　引

サ

再結晶 ……………………………… 37
再結晶温度 ………………………… 38
最高硬さ …………………………… 118
最高到達温度 ……………………… 110
最大せん断応力説 ………………… 68
最密六方格子 ……………………… 12
サーメット ………………………… 58
3次元切削 ………………………… 178
残留オーステナイト ……………… 31

シ

仕上げ面のあらさ ………………… 187
シェフラー状態図 ………………… 47
シェルモールド法 ………………… 92
軸対称問題 ………………………… 78
時効 ………………………………… 35
下向き研削 ………………………… 196
質量効果 …………………………… 84
G. P. ゾーン ……………………… 35
指標 ………………………………… 129
絞り比 ……………………………… 158
射出成形 ……………………… 136, 170
シャルピー試験 …………………… 7
シャルピー値 ……………………… 7
集合組織 …………………………… 166
収縮 ………………………………… 120
自由鍛造 …………………………… 147
主応力 ……………………………… 64
主すべり系 ………………………… 17
主分力 ……………………………… 182
シュミット因子 …………………… 17
ジュラルミン ……………………… 53
瞬間熱源 …………………………… 110
準定常状態 ………………………… 112
上界法 ……………………………… 171
衝撃試験 …………………………… 7
焼結 ………………………………… 141
焼準 ………………………………… 81
焼鈍 ………………………………… 82
初等解法 …………………………… 171
しわ ………………………………… 149

真応力 ……………………………… 4
靭性 ………………………………… 7
浸炭 ………………………………… 87
芯無し円筒研削 …………………… 197
侵入型原子 ………………………… 15
真ひずみ …………………………… 4

ス

垂直応力 …………………………… 63
垂直ひずみ ………………………… 64
数値シミュレーション …………… 170
据え込み …………………………… 150
ステファン・ボルツマンの放射法則 … 77
ステンレス鋼 ……………………… 46
砂型鋳造法 ………………………… 91
スピニング ………………………… 147
スプリングバック ……………… 157, 159
すべり系 …………………………… 17
すべり線場法 ……………………… 171
スラグ巻込み ……………………… 125

セ

制御圧延 …………………………… 165
成形限界線図 ……………………… 157
静水圧押出し ……………………… 168
静水圧力 …………………………… 64
青銅 ………………………………… 51
青熱脆性 …………………………… 41, 163
精密打ち抜き ……………………… 162
精密鋳造法 ………………………… 92
析出強化 …………………………… 20
赤熱脆性 …………………………… 41, 163
切削温度 …………………………… 184
切削抵抗 …………………………… 181
切削比 ……………………………… 179
接触率 ……………………………… 167
セメンタイト ……………………… 26
セラミックス ……………………… 59
線収縮率 …………………………… 145
せん断 ……………………………… 147
せん断応力 ………………………… 63
せん断角 …………………………… 179
せん断加工 ………………………… 161

せん断弾性係数	67
せん断ひずみ	64, 179
せん断面	161
線熱源	110
線膨張係数	38

ソ

相互拡散	31
相当応力	69
相当塑性ひずみ	69
相律	23
塑性エネルギー消散	153
塑性加工	147
塑性仕事	69
塑性体積一定条件	70
組成的過冷	99
組成的過冷却	114
塑性ひずみ	5, 65

タ

ダイカスト法	93
対向液圧成形	169
体心立方格子	12
体積収縮率	145
体積ひずみ	65
耐熱鋼	49
対流	74
ダクタイル鋳鉄	102
多軸応力	64
タップ密度	140
縦弾性係数	67
ダレ	161
単位格子	11
単軸応力	64
弾性ひずみ	5, 65
鍛造	147
鍛造焼入れ	164
炭素工具鋼	55
弾塑性体	66
炭素当量	102, 117
断面収縮率	6

チ

置換型原子	15
チタン	54
窒化	88
中間温度脆性	40
柱状晶	114
柱状の結晶	114
鋳造方案	100
超音波加工	203
超硬合金	57
超仕上げ	201
超塑性	41
超塑性成形	163

ツ

継手効率	107
釣り合い式	70

テ

低圧鋳造法	93
低温加工	149
低温割れ	127
低温割れ感受性	129
テーラーの寿命方程式	190
てこの関係	25
転位	15
電気分解法	140
電子ビーム加工	206
転造	147
伝導	74
デンドライト凝固組織	114
点熱源	110

ト

銅	50
等温凝固	132
等温変態図	30
動的回復	39
動的再結晶	39
動的ひずみ時効	41
溶込み不良	126
TRIP	162

索　引

トレスカの降伏条件 …………………… 67

ナ

内面研削 …………………………………… 197
流れ理論 …………………………………… 70
軟窒化法 …………………………………… 88

ニ

ニアネットシェイプ ……………………… 155
2次元切削 ………………………………… 178
ニッケル …………………………………… 55
日本溶接協会 ……………………………… 117
Newton の冷却則 ………………………… 76

ヌ

ぬれ ………………………………………… 131

ネ

ねずみ鋳鉄 …………………………… 44, 102
熱拡散率 …………………………………… 75
熱可塑性プラスチック …………………… 58
熱間圧接 …………………………………… 130
熱間加圧成形 ……………………………… 135
熱間加工 ……………………………… 149, 163
熱間静水圧成形 …………………………… 135
熱硬化性プラスチック …………………… 58
熱処理 ……………………………………… 163
熱弾塑性問題 ……………………………… 72
熱伝達 ……………………………………… 76
熱伝達率 …………………………………… 76
熱伝導 ……………………………………… 74
熱伝導の偏微分方程式 …………………… 75
熱伝導率 …………………………………… 74
ネットシェイプ …………………………… 155
熱ひずみ …………………………………… 72
熱流 ………………………………………… 109

ノ

伸びひずみ ………………………………… 3
伸びフランジ ……………………………… 147

ハ

破壊靱性試験 ……………………………… 7

バーガース・ベクトル …………………… 15
破断伸び …………………………………… 6
バーチャルマニュファクチュアリング …… 171
バックリング ……………………………… 125
バフ仕上げ ………………………………… 202
パーライト ………………………………… 27
張出し ……………………………………… 147
バルク加工 ………………………………… 154

ヒ

引抜き ……………………………………… 147
引け巣 ……………………………………… 100
被削性 ……………………………………… 191
ひずみ ……………………………………… 64
ひずみ硬化 ………………………………… 5
ひずみ増分理論 …………………………… 70
ひずみの適合条件式 ……………………… 70
ひずみ-変位関係式 ……………………… 70
ピーチ・ケーラの式 ……………………… 19
ビッカース硬さ …………………………… 6
ビット ……………………………………… 125
引張り応力 ………………………………… 3
引張り試験 ………………………………… 3
引張り強さ ………………………………… 6
引張り曲げ ………………………………… 160
ピーニング ………………………………… 125
表面焼入れ ………………………………… 86
疲労 ………………………………………… 8
疲労限 ……………………………………… 8

フ

フィックの法則 …………………………… 33
フェライト ………………………………… 26
深絞り ……………………………………… 147
ふく射 ……………………………………… 74
付着摩擦 …………………………………… 151
部分安定化ジルコニア …………………… 60
ブラヴェ格子 ……………………………… 12
ブリネル硬さ ……………………………… 6
ブロー成形 ………………………………… 170
ブローホール ……………………………… 125
分散強化 …………………………………… 19
粉末鍛造 …………………………………… 136

ヘ

平均応力	64
平均変形抵抗	66
平衡状態図	23
平行部摩耗	190
平衡分配係数	98, 114
閉塞鍛造	155
ベイナイト	31
平面応力	77
平面研削	196
平面熱源	110
平面ひずみ	77
ベルト研削	202
変形抵抗	4
片状黒鉛鋳鉄	102

ホ

ポアッソン比	67
ボイド	72
包晶	24
放電加工	204
放電焼結	137
ホーニング	200
炎焼入れ	86
ホール・ペッチの関係式	21
ボンド脆化	120
ボンド部	113

マ

マイクロビッカース	6
曲げ	147
摩擦	150
摩擦圧接	130
摩擦エネルギー消散	153
摩擦応力	151, 167
摩擦丘	150
摩擦係数	151
摩耗進行線図	190
マルクエンチ	86
マルテンサイト	30
マルテンサイト変態	30
マルテンパ	86

| マンネスマンせん孔 | 156 |

ミ

ミクロ偏析	114
ミーゼスの降伏条件	67
ミラー指数	13
ミラー・ブラヴェ指数	14

ム

| 無拡散変態 | 30 |
| 無すべり点 | 152 |

メ

| 目直し | 195 |
| 面心立方格子 | 12 |

モ

| モジュラス | 97 |

ヤ

焼入れ	83
焼入性	84
焼なまし	82
焼ならし	81
焼戻し	85
焼戻し脆性	85
ヤング率	38, 67

ユ

有限要素法	72, 171
融合不良	126
湯口方案	100

ヨ

溶接金属	107, 113
溶接欠陥	107
溶接構造用圧延鋼材	43
溶接残留応力	107, 120
溶接入熱	109
溶接熱影響部	108, 113
溶接熱サイクル	108
溶接表面形状の不良	126
溶接変形	107, 120

溶接法 …………………………………… *105*
溶接割れ ……………………………… *107, 126*
溶融接合 ………………………………… *105*
横弾性係数 ……………………………… *67*

ラ

ラップ加工 ……………………………… *203*
ランクフォード値 ……………………… *158*

リ

粒界割れ ………………………………… *163*
流体潤滑 ………………………………… *168*
流動応力 ………………………………… *4*
量子ビーム加工 ………………………… *175*
理論あらさ ……………………………… *187*
臨界せん断応力 ………………………… *17*

レ

冷間加工 ………………………………… *149*

冷間静水圧成形 ………………………… *135*
レーザ …………………………………… *107*
レーザ焼結 ……………………………… *137*
連続切刃間隔 …………………………… *198*
連続鋳造法 ……………………………… *93*
連続冷却変態図 ………………………… *28*

ロ

ろう付 …………………………………… *131*
ロストワックス法 ……………………… *92*
ロックウェル硬さ ……………………… *6*
ローラー矯正 …………………………… *147*
ロールフォーミング …………………… *147*

ワ

割れ ……………………………………… *149*